大老闆思考

暢銷增訂版　陳立隆 著

讓企業快速成長的
12 種競爭力模式

BOSS
THINKING

老闆的能力有多強，
企業的前景就有多寬廣

▶ 經營之道千變萬化，靈活應對才能長久營運
▶ 抓住每個成長契機，巧妙布局推動企業壯大
▶ 用人有方激發潛力，智慧管理成就領導風範

身為老闆不能短視近利，關注每一個細節處，
不僅要將企業導向成功，還要順應趨勢穩穩發展！

目 錄

前言

第一種能力：遠離慣老闆心態

　　小勝靠智慧，大勝需道德…………………………………… 012
　　老闆的品德決定公司的命運………………………………… 013
　　守住道德底線：財取之有道………………………………… 015
　　逃稅等同於自毀前途………………………………………… 017
　　遵法守法，為創業保駕護航………………………………… 019
　　經營誠信為本………………………………………………… 021
　　重視員工信任，避免自毀名聲……………………………… 023
　　勤奮是成功的必經之路……………………………………… 025
　　商場上應具備以德報怨的氣度……………………………… 027
　　謙遜低調是成功的關鍵……………………………………… 029
　　和善待人讓你更完美………………………………………… 030

第二種能力：巧借力，不單靠賺錢

　　借力是成功的必要條件……………………………………… 034
　　整合資源為己所用…………………………………………… 035
　　善於借勢創新………………………………………………… 037
　　勇敢借貸，讓資金滾動……………………………………… 042

003

目錄

　　藉名人造勢，提升知名度 ………………………………… 043
　　以他人產品，為己揚名 …………………………………… 046

第三種能力：商業騙局防不勝防

　　小心借貸陷阱 ……………………………………………… 050
　　交易時，現金和貨物同時交付 …………………………… 051
　　警惕「空殼公司」 ………………………………………… 052
　　切勿輕信口頭承諾 ………………………………………… 053
　　商業詐騙的常見特徵與伎倆 ……………………………… 055
　　分析助你識破騙局 ………………………………………… 058
　　這些跡象顯示你可能遇到詐騙 …………………………… 060
　　用法律打擊商業詐騙 ……………………………………… 061
　　應對商業詐騙的五大禁忌 ………………………………… 062

第四種能力：細節決定效益

　　細節影響公司的成敗 ……………………………………… 064
　　偉大源於平凡 ……………………………………………… 066
　　讓產品脫穎而出的細節設計 ……………………………… 067
　　經營成功源於細小處 ……………………………………… 069
　　切勿輕視小錢 ……………………………………………… 071
　　穩步經營，細水長流 ……………………………………… 072
　　不滿足於眼前小成就 ……………………………………… 073
　　服務中的細節不可忽視 …………………………………… 076
　　市場拓展中的細微之處需重視 …………………………… 077

第五種能力：消息靈通者勝

資訊是商戰中的制勝關鍵……………………………………082

「四快」資訊利用法……………………………………………083

獲取市場資訊的七大管道………………………………………084

關注五類關鍵消息………………………………………………087

如何利用資訊賺錢………………………………………………088

構建專屬的資訊網………………………………………………091

留意每一則資訊…………………………………………………092

捕捉市場中的「零次資訊」……………………………………094

第六種能力：創新主宰未來

創新是公司壯大的捷徑…………………………………………098

大力推動公司創新………………………………………………101

小處創新，大處賺錢……………………………………………102

創新經營策略，新招應用………………………………………105

創新助力擺脫危機………………………………………………106

在模仿中尋找創新………………………………………………111

老闆如何提高創新能力…………………………………………114

從童趣中發掘創造力……………………………………………116

第七種能力：壓力鍛造老闆

經營與逆境困難相伴……………………………………………120

利用壓力實現飛躍………………………………………………122

目錄

困境中獨當一面的能力 ………………………………… 124
市場低迷時的鬥志 ……………………………………… 126
黎明前的黑暗需堅持 …………………………………… 127
壓力面前保持積極心態 ………………………………… 128
魄力決斷，當斷則斷 …………………………………… 130
避免賭博心理的經營方式 ……………………………… 133

第八種能力：極致用人智慧

內部激勵機制的關鍵設計 ……………………………… 138
最有效的員工激勵法則 ………………………………… 141
員工問題的根源往往在老闆 …………………………… 144
懲罰員工需穩準狠 ……………………………………… 145
衡量人才的十個標準 …………………………………… 146
適當施壓以激發員工潛力 ……………………………… 149
對人才不求全責備 ……………………………………… 150
老闆用人時的六大心理效應 …………………………… 152
重用人才，避免姑息養奸 ……………………………… 155
善用「減法」管理策略 ………………………………… 158
投資人才培訓 …………………………………………… 160

第九種能力：人脈決定財路

編織和諧融洽的人脈網 ………………………………… 166
小禮物帶來大效用 ……………………………………… 169

多贊助公益事業 ……………………………………………… 171

　　維持良好股東關係 …………………………………………… 173

　　與不喜歡的人打交道的技巧 ………………………………… 174

　　結交各類益友 ………………………………………………… 177

　　經營企業就是經營關係 ……………………………………… 179

　　與媒體保持良好關係 ………………………………………… 181

　　與金融機構建立連繫 ………………………………………… 184

　　與同行大老闆結交 …………………………………………… 186

第十種能力：練就犀利眼光

　　處處留心皆機會 ……………………………………………… 192

　　冒險中捕捉商機 ……………………………………………… 194

　　做好準備以迎接機會 ………………………………………… 197

　　面對挑戰，機會隨之而來 …………………………………… 200

　　抓住每一個機遇 ……………………………………………… 202

　　善於創造機會 ………………………………………………… 205

　　小事中的大商機 ……………………………………………… 206

　　隨機應變，立於不敗之地 …………………………………… 210

　　冷門中的大機遇 ……………………………………………… 212

第十一種能力：溝通即領導力

　　老闆應掌握的溝通技巧 ……………………………………… 218

　　與客戶溝通的建議 …………………………………………… 220

目錄

與員工的個性化溝通方式⋯⋯⋯⋯⋯⋯⋯⋯⋯⋯⋯⋯⋯222
保持理智的溝通藝術⋯⋯⋯⋯⋯⋯⋯⋯⋯⋯⋯⋯⋯⋯224
讚美是溝通的利器⋯⋯⋯⋯⋯⋯⋯⋯⋯⋯⋯⋯⋯⋯⋯228
換位思考，解決問題⋯⋯⋯⋯⋯⋯⋯⋯⋯⋯⋯⋯⋯⋯231
傾聽是有效溝通的前提⋯⋯⋯⋯⋯⋯⋯⋯⋯⋯⋯⋯⋯233
與意見不同者的溝通策略⋯⋯⋯⋯⋯⋯⋯⋯⋯⋯⋯⋯235
餐桌溝通的技巧⋯⋯⋯⋯⋯⋯⋯⋯⋯⋯⋯⋯⋯⋯⋯⋯238
溝通中的十大禁忌⋯⋯⋯⋯⋯⋯⋯⋯⋯⋯⋯⋯⋯⋯⋯240

第十二種能力：老闆的口才修練

言談禮儀：深入交談的起點⋯⋯⋯⋯⋯⋯⋯⋯⋯⋯⋯246
談生意中的說服技巧⋯⋯⋯⋯⋯⋯⋯⋯⋯⋯⋯⋯⋯⋯249
良好表達的四大基本要求⋯⋯⋯⋯⋯⋯⋯⋯⋯⋯⋯⋯252
生意場合的恭維之術⋯⋯⋯⋯⋯⋯⋯⋯⋯⋯⋯⋯⋯⋯254
運用道具提升說服力⋯⋯⋯⋯⋯⋯⋯⋯⋯⋯⋯⋯⋯⋯256
與重要人物的開場技巧⋯⋯⋯⋯⋯⋯⋯⋯⋯⋯⋯⋯⋯258
談判中的詭辯及應對⋯⋯⋯⋯⋯⋯⋯⋯⋯⋯⋯⋯⋯⋯260
用柔和語言化解爭執⋯⋯⋯⋯⋯⋯⋯⋯⋯⋯⋯⋯⋯⋯263
提升語言魅力的方法⋯⋯⋯⋯⋯⋯⋯⋯⋯⋯⋯⋯⋯⋯266
批評下屬的八大禁忌⋯⋯⋯⋯⋯⋯⋯⋯⋯⋯⋯⋯⋯⋯268
閒談中的商業潛力⋯⋯⋯⋯⋯⋯⋯⋯⋯⋯⋯⋯⋯⋯⋯271

前言

　　現代管理學之父彼得・杜拉克指出：「只要西方文明本身還能生存下去，那麼，領導人就始終是公司的基礎和支配性力量。」而發源於西方的現代公司管理，基本上也影響著東方社會的商業版圖。與西方一樣，老闆作為公司的領導者，不但要影響、支配、感召、培養團隊成員，還要專注提升自我的各種能力，才能擔當重任，也才能大有作為。作為公司領導者，若老闆缺乏應有的能力，即使手下擁有精兵強將，也最終會一敗塗地，被激烈的商場競爭所淘汰，正所謂「將帥無能，累死三軍」。

　　本書搜集整理了大量國際商業實例，提煉出老闆必須具備的十二種能力。不可否認，由於水準所限，其中難免有不足之處，但我們也要盡量汲取有益的東西強大自身，將公司引向茁壯成長的道路。

前言

第一種能力：遠離慣老闆心態

小勝靠智慧，大勝需道德

永遠不把賺錢作為公司的第一目標。

通用汽車公司董事長約翰·史密斯曾指出，在全球化條件下，任何公司都處在世人的注視之下，全球化條件下的公司老闆必須具有強烈的責任感，做任何事情都必須以誠為本，堅守信念，言出必行。

現在一些商人求財心切，總是幻想發一筆橫財，一舉而成為大富豪。只可惜無橫財可發，於是就在日常生意中做一些不正當的勾當。譬如對外地來的顧客，或者不懂行市的顧客，總要想盡辦法的「宰他一刀」，有些人甚至不擇手段，以假亂真、以次充好、坑害顧客。這些人大概都有一個自欺欺人的想法：世界那麼大，來往顧客那麼多，「宰」了你一個，後面還有很多人。這樣的想法既可笑又可恥。世界的確是大，但世界有時又很小。你的大部分銷售額是來自於一小部分常客。你「宰」了顧客，你的回頭客就會減少，「宰」人越多，回頭客就越少。世界上恐怕少有上了當還不知道的人，上當後遲早是要醒悟的。明知自己上了當的人，還會再上你的當嗎？若再上門就肯定是找麻煩來了。因此，貪圖暴利，坑害顧客，不僅國法不容，還會自斷財路，可謂是害人又害己。

「宰」顧客容易把自己毀掉；「宰」自己的生意夥伴，那就更容易把自己毀掉。每一個公司的老闆都或多或少有自己的生意夥伴，要麼他從你這裡進貨，要麼你從他那裡進貨，或者互相之間有某種服務關係。生意場好比一張網，你們也就是網路的結，完全是一種共存共榮的關係。若是貪圖暴利，或者欺騙老客戶，或者趁某種有利的機會，從老客戶身上狠撈一把，或者拖欠老客戶的貨款長期不還，甚至準備賴帳，如此等等，你的生意就算做到終點了。

另外，對待生意夥伴也必須始終抱著互惠互利的原則，自己要賺錢，也要讓人家有錢賺，這樣，生意才能長久做下去，這是一個最基本的道理。千萬不能利令智昏，連立足的東西都不要了。

德即道德、德行。細化起來，各行各業都有其道德遵循。德是一種境界，德是一種追求，也是一種力量，是一種震懾邪惡、淨化環境、提升思維、累積財源的動力，德能使自己內功強勁，無往而不勝。

老闆的品德決定公司的命運

要讓公司變得強大，重要的一點就在於老闆的道德素養。

身為老闆，你對你的公司有哪些影響？從傳統研究看，組織的創始人對組織的早期文化影響巨大，他們勾畫了組織早期的發展藍圖，並將自己的遠見和思想強加於或潛移默化的影響組織員工，而文化一旦形成，就不容易消失。

微軟公司的文化在基本上是公司的創始人之一比爾蓋茲個人性格的反映。蓋茲本人進取心強，富有競爭精神，自制力很強。這些特點也正是人們用來描述他所領導的微軟巨人的特點。

公司的領導人對公司文化影響的例子還很多，如SONY（索尼）公司的盛田昭夫、特納廣播公司的泰德・特納等。

另外，公司高層管理者的舉止言行也對公司文化有著重要影響，他們透過自己的所作所為，把行為準則滲透到組織文化中去。例如：公司是否鼓勵冒險，管理者應該給下屬多大自由，什麼樣的著裝是得體的，在薪資、晉升、獎勵方面，公司鼓勵什麼樣的行為等。

第一種能力：遠離慣老闆心態

所以，有人說，要想了解一個公司的文化，只要看一看老闆的風格就行了。

由此可見，老闆的為人品行對公司文化的形成有著重要的作用。如果老闆的道德素養不良，那麼這家公司的文化就不可能是健康的，公司的壽命也不會長久。在中小公司，尤其是公司中，這一點更為明顯。因為在這些公司當中，老闆往往就是一切，沒有人能夠違抗他的意志，老闆的個人素養往往對這些公司的前途有著決定性作用。

一些公司難以健康成長的一個很重要的原因，就是公司老闆自身的素養、思想、特質等違背社會道德，從而將公司帶入絕境。

有些公司的老闆在經歷了創業階段的艱辛之後，很容易放縱自己，認為應該享受一下，因而在生活上不加約束，任意胡為。

這些老闆認為錢是自己賺來的，因而絲毫不加珍惜，常常是花天酒地，一擲千金，揮金如土。新聞上經常可以看到某個老闆花幾十萬元住總統套房、幾十萬元吃一頓飯的報導。這些不切實際的消費與經濟發展程度是完全不相稱的，是一種畸形的消費現象。

有時他們或為了追趕流行，或為了爭面子，不惜重金買一些毫不實用的東西，或是在一些價高質低不實用的消費上花費鉅資，以此來顯示自己的身分或地位。這些不健康的畸形消費模式在社會上蔓延下去，有不良的示範作用，它對社會的危害是全面和長期的。

此外，有許多公司老闆在賺錢之後開始在生活上腐化，家庭生活也出現了危機。他們或者拋棄自己的妻子，或者搞外遇、養「小三」。

這樣下去，公司遲早會垮掉！

守住道德底線：財取之有道

我是一個商人，做的事情就是在不危害社會的前提下，為公司賺取更多的利潤。

「君子愛財，取之有道。」這句話的意思是，每個人都希望有錢，這並沒有錯，但要獲得錢財，必須有原則，不能違背人情義理和政策法規。

義，是傳統文化中所講的一種道德規範，也是約束人們行為的準則。孟子說：「義，人之正路也。」荀子說：「夫義者，所以限禁人之為惡與奸者也。」

「仁中取利真君子，義內求財大丈夫」，作為一個合格的老闆，應該見利思義，義利相濟相通，不發不義之財。

不肖商場可能發生這樣的事，有的老闆明知自己商品上有瑕疵，但還是想賣出去怎麼辦？有這樣一位銷售時裝的老闆，他明知半腰裙染上汗漬，但又不願意捨棄不售，所以有顧客購下這條裙子後，就以為瞞天過海，顧客發現後前往理論時，老闆只說一句：「是你自己粗心大意弄髒了裙子，反而懷疑我們賣劣等貨。」又或者是「這件事情教訓你下次買東西時，要檢查清楚，否則後果自負」等，顧客當然感到不滿，甚至有被騙的感覺，試問在這種情況下，那位顧客還會第二次光臨嗎？更嚴重的是，顧客可能規勸各位親戚朋友，就這樣一傳十，十傳百，時裝店便名聲狼藉，要挽回名聲時，可能為時已晚了，因此要生意興隆，口碑是重要的，「以誠待客」是做生意之「本」。

同樣對待這類問題，有些老闆的做法就很明確，他們把有一點瑕疵

第一種能力：遠離慣老闆心態

的商品挑出來，寫明某某商品有何瑕疵，但無傷大雅，且降價以福利品及 NG 商品銷售。這樣顧客在看過之後，便會放心購買，不存在交易糾紛的問題。商店既賣出了積壓次品，加速了資金周轉，也不失聲譽與大雅，贏得了顧客的信任，豈不美哉！

「掛羊頭，賣狗肉」是舊時奸商的一種不道德的經商方法，如今法律絕不允許經營者這樣做，即便是經營者偷偷這樣做了，被顧客知道後，同樣也會遭到唾棄。形形色色的經營者，各式各樣的經營方式，在市場這個大舞臺上大顯身手。許多都市出現了「精品店」、「專賣店」，發財的確有其人，虧了的也不在少數。

據說，地處該市的繁華地段，有家精品屋，開張時金碧輝煌的門面與琳瑯滿目的商品在顧客的感覺中相映生輝，高消費者們的時尚需求，又與滿櫃滿架的精巧商品「一見鍾情」，因此生意極好，據說三天就賺了幾十萬。

令人可惜的是，老闆做事只有五分鐘的熱情，並且「人有疾」——好賭，忙過開張就不大「理政」，花錢更是揮金如土，店內進、銷、存幾個環節的工作漸漸混亂，帳上的資金越來越少，不滿三個月，商店已敗象顯現。

昔日的顧客進店時，已看不到多少「精品」，倒發現不少一般商品在貨架上以「俗」充精，於是掃興而去，另去別家，不再上門；而過去那些在這裡看過熱鬧的人，又以為店內商品像過去一樣，又新又昂貴而不敢進來，因此，常在門前過，就是不進來。

生意蕭條，房租、薪資等等開銷又大，當然撐不住，再加上「精品」不精，徒有虛名，失信顧客，開張僅六個月就「關門大吉」。

不論經營什麼項目，老闆都應該懂得，也都應該明白，做生意的目的的確是為了賺錢，但賺錢要賺在明處，正所謂君子愛財，取之有道。須知，不正當的經營是要砸牌子的，終究會失去顧客。作為一心追求成功的老闆，只做一錘子買賣，雖得利於一時，發些不義之財，但只會搬起石頭砸了自己的腳，最終還是逃脫不了價值規律的懲罰。

逃稅等同於自毀前途

能爭取國家的優惠政策，盡一切可能爭取，但在這個基礎上，我給財務的規定是不准偷漏一分錢的稅款。這樣至少保證公司不會出現大的問題。

極個別的老闆想透過逃稅、漏稅和逃稅，挖國家稅收的「牆角」。但是在稅務部門、會計師事務所和國家審計部門的通力協作下，使他們竹籃打水一場空，賠了夫人又折兵，不義之財沒發了，還被罰款、吊銷執照等。

1　瞞稅

少數老闆利用發票做手腳，採用虛報遺失、偽造塗改、大頭小尾、兩次填寫等手段逃避稅收。例如：某公司承包人將實際金額五萬元的業務分兩次填寫，在業務報銷聯上填的金額是五萬元，而存根聯上竟只填區區五十元。還有少數商人公然違反制度規定，設兩本帳冊。在應付稅務人員的假帳上填寫少量的金額，卻在給自己看的暗帳上記錄大宗經營收入，透過這種手段來減少稅收。可惜的是，再好的偽裝也有漏馬腳的時候，對於這種瞞天過海的逃稅手段，稅務人員只要下工夫是能夠查出來的。

2　無證經營

極少數老闆，為了躲避稅收管理，採取不辦稅務登記和營業執照的方法進行無證經營。也有些老闆借別人的營業執照副本經營。他們採取「你來我走、你追我跑、你疲我賣、你查我躲」的游擊戰術，打一槍換一個地方，結算完畢就迅速逃離經營現場，逃避納稅檢查。

3　以小瞞大

少數老闆利慾薰心，他們深諳利潤多繳稅也多的道理，便節外生枝，虛增成本，假攤費用，達到帳面上減少利潤而偷逃稅收的目的。

4　私立帳戶

一些老闆對開設的銀行帳戶棄之不用，而又另立帳戶或採取現金交易不入帳的手段，隱瞞收入，逃避稅收。

5　偷梁換柱

為了提高利潤，謀求更多的財富，個別老闆公然銷售經營範圍以外的商品，而且將這部分商品的銷售收入隱瞞，以圖少繳稅。例如：某髮廊老闆擅自銷售電視機和電風扇，某雜貨店老闆非法經營建材。稅務部門堅決取締他們超出營業執照範圍的經濟合約，把已經獲取的收入照章追繳了稅款。

世界上老闆成千上萬，其中絕大多數遵紀守法，合法經營，為國家財政貢獻力量。但是，也有少數老闆投機鑽營，利用種種違法亂紀手段聚斂財富。多行不義必自斃，他們的不法行為受到社會大眾的唾棄，受到稅收機關和工商行政機關的嚴厲查處，直至受到法律的制裁。

遵法守法，為創業保駕護航

　　一般情況下，一些不懂法、不學法或法律意識淡漠的人，資金一緊張就會做一些他認為合理但不合法律規定的事，這就埋下了坐牢的隱患。我們在創業初期的時候，要具備極強的法律觀念。

　　法律是國家經濟得以生存和發展的「保護神」，老闆學會運用法律武器來保護自己，懂得打官司，就能拿法律作為自己生產、經營、管理的「護身符」，不學法律，不懂打官司，老闆就得不到這個「護身符」，就要遭人欺負。現在的老闆應該知道，應該懂得，學會運用法律武器，學會打官司，對於自己來說是做好經營管理的重要一環。

　　法律是維護老闆本身及所創辦公司、公司合法權利的有力武器。政府已頒布的《公司法》、《商標法》、《勞動基準法》等商業法律，給老闆創造了一個合法經營的環境，也給經營者一定的權利，但此權往往在現階段受到不應有的干擾，要真正完全享受這些權利，老闆要善於運用法律武器抵制不合法干涉。如：對自己的亂攤派、亂收費，亂罰款等等，必要時要勇於跟這些不法分子打官司。

　　法律，是老闆經營管理的基本依據。老闆經營什麼，招用什麼樣的人，只要自己符合法律，就能行得通。老闆管理過程中，要盡量避免不必要的內部糾紛，即使產生糾紛也要依法處理，打打官司也未嘗不可，絕不能感情用事。

　　法律也是老闆處理外部經濟關係的基本準則。老闆在與經營過程中往往需要簽訂大量的經濟合約。現代社會中許多經濟糾紛都是因為合約不完善而引起的。這些合約糾紛往往給公司和老闆本身帶來很大的經濟損失，所以，老闆必須學會運用法律，透過打官司來維護自己的合法權益。

第一種能力：遠離慣老闆心態

　　大量的事實說明，老闆要經營管理好自己的公司，就必須具備法律意識，要知法守法，更應懂得用法律武器、懂得以打官司來保護自己。俗話說，害人之心不可有，防之心不可無。在商場上，「利」字當頭的個別老闆，隨時都做得出違法的事情，除了需要經常防人外，最好的辦法，就是打官司，讓法律懲治這些不法分子。

　　在歷史的發展過程中，經商之道也得到了發揚光大。經商雖然是「將本求利」、「利上滾利」，但買賣雙方交往，素來都以「情」、「理」為先，視「法」為末路，主「和」為貴，以「訟」為凶。尤其是在早期的農業社會裡，生意交往，非常重視信譽，一言九鼎，對於貨物點收驗收，縱然沒有任何憑證，賣者屆時依約前往收款，雖然兩手空空，未有任何單據憑證，買方也絕少有賴帳拒絕付款的情況，甚少有對簿公堂，以法為據而要求一判曲直來決定勝敗的。

　　即使是在今天的商場上，人情的運用，情誼的迎合以及「買賣算分、相請不論」的生意道德，依然是小本買賣交易雙方往來的基本條件。但是，由於現代社會的法制觀念日益加強，同時一些真正能做到一言九鼎、視信用為資本的老闆往往吃虧上當。因此，要保證自身的正當利益不受侵害，老闆在買賣過程中，除了秉持「情」、「理」原則外，還必須注意法律的運用，該打官司就打官司，這樣才能既有和氣，又能生財。

　　生意往來，貴在謹慎，我們在這裡告誡老闆要懂得打官司，並沒有要求老闆遇事就打官司，因為打官司是要花費時間和精力的。很多官司，即使有理，沒有大量的時間和精力是打不贏的。在光明磊落的爭執中，如果做一些讓步就能解決爭端，那何樂而不為呢？這樣做，可以節省許多時間和金錢。如果你向某人吹起戰鬥的號角，你必然把所有的注意力都集中在雙方的爭執之中，竭盡全力把對手打倒在地，這麼一來，

你也就無暇顧及你的生意了。如果官司打起來不那麼順利，焦躁和憤怒的情緒一起向你襲來，再加上曠日持久的爭戰之後出現疲憊，哪裡還有心思做生意呢？

少打官司可以節省時間和精力去做別的生意，去賺錢，但少打官司並不是不打官司，用法律手段解決問題的辦法是老闆必須學會、必須懂得的。

經營誠信為本

商界最重要的不是錢，是信用。

見利忘義是小智慧，這樣的老闆永遠成不了大氣候，因為他失去了義；捨利取義是大智慧，這樣的老闆才能得到豐厚的回報，因為他得到了義，即得到了人心，得人心者得天下，得人心者也能得到天下的財富。

作為一家公司的老闆，誠信永遠是第一位的，沒有哪家百年老字號是靠欺騙來享譽百年的，也沒有哪個人能靠欺騙在商場中遊刃有餘一輩子，無論古今中外都是如此。

蔡繼有是香港新華集團董事會主席，是香港有名的海產大王。蔡氏家族主要經營出口速凍海鮮，此外還有糧油、地產、貿易等業務。新華集團1980年代後成為大型跨國公司，蔡氏家族資產估值已超過30億港幣。奠定集團貿易堅實基礎的是與日本人的海產生意，蔡繼有為建立與生意夥伴的友情，犧牲了不少自己的利益，但獲得了更長久的利益。

蔡繼有1929年生。蔡氏的祖先世代務農，家裡一直很窮。

從1950年開始，二十一歲的蔡繼有做起了海產生意。他先向鄉親們

第一種能力：遠離慣老闆心態

賒海產品，運到澳門出售之後再結帳，從中賺取差價。

1954年蔡繼有到澳門做生意，第二年他的妻兒獲准到澳門與他團聚。一家人從澳門販些魚類、海產到香港去賣。1957年他在香港西環的貝介欄市場開了「華記欄」，做起了漁欄的批發生意。到了1960年代，他的生意做得不錯，但還只是小康而已。

蔡繼有真正大富起來，是在和日本人做海產生意之後。從他的經商之道來看，他是靠誠信贏得別人支持的。

1965年，蔡氏在田灣租了一個400多坪的加工場，把貝殼類的海產速凍，再售給貿易商運銷日本。兩年後，為了擴大經營，蔡氏購入「華記凍房」，建立起海產速凍業的「橋頭堡」。

為了避免中間商從中獲利，蔡繼有決定自己直接和日本人做生意。但蔡繼有沒和日本人打過交道，能否成功也沒有底。他是那種敢想敢做的人，打定主意後他拿了一袋凍蝦樣品，直接來到日本一家株式會社駐香港辦事處，拜會辦事處負責人。日本這家公司知道蔡繼有的來意後，並沒有立即表態。

蔡繼有耐心的解釋為何要不經過仲介商而直接與日本人做生意，日本人也知道其中的道理，因為這對雙方都有利。但老練的日本商人立即問道：「你能給我們什麼優惠條件？」

「如果貴公司有意合作的話，我們可以先收八折貨價，等你們收到我們發出的貨，驗收滿意後，再付清餘款。」

在當時，只付80%的貨款是很優惠了，而且剩下20%蔡繼有讓對方感到滿意後再付，更是心誠之表現。日本商人很高興的握著蔡繼有的手說：「你的條件確實比一般人優惠，看得出來，你是誠心誠意要和我們做生意。既然對我們雙方都有好處，我們決定和你做生意！」

在生意上，蔡繼有常常考慮對方的利益，日本這家株式會社的人對蔡繼有非常信任，日本人覺得蔡繼有講信譽、重友情，是個難得的生意

夥伴，他們之間的生意越做越大。這樣，蔡繼有成功的打開了直接運銷海產品到日本的渠道，生意越做越好。蔡氏家族的生意上了正軌，此後才真正發達起來。

用誠信經營的蔡氏家族得到了日本商人的肯定和合作，這種信任是用錢買不來的，一個老闆如果想做大、做長久，只有老老實實的靠著點點滴滴建立起來的誠信才能成功。

做人要誠實，老闆涉足商海更要以誠為本。雖然人人都說「無商不奸」，但是又有幾個奸商能把生意經營得有聲有色，維持得天長地久呢？做生意需要精明，但精明不等於欺騙。很多人認為說謊、吹牛等「非常」手段在商業上是值得一用的，甚至認為是必須的，這也是為什麼誇大事實的廣告充斥在各個角落的原因。商家紛紛掩飾自己商品的缺點，卻把優點說得天花亂墜，可當他們的錢包鼓脹一點的時候，人格也隨之降低了一分。把欺騙作為賺得財富策略的商人，遲早有一天會原形畢露。

翻閱商業歷史，真正存活下來的老字號商家，沒有哪一家是靠欺騙而長久不衰的，而且可以肯定的是他們都講求誠信。也許有人說，他們的招牌大、名字響，廣告做得好。其實，誠實是最好的廣告。別人會因為真誠的言行、高尚的職業道德和良好的信譽願意和你合作，顧客被你的誠信打動，樂於光臨。只有這樣才能挖掘出周圍所有的「錢」能，才能有長遠的「錢」途。

重視員工信任，避免自毀名聲

一個公司良好的開始就意味著一個良好的信譽的開始，有了信譽，自然就會有財路，這是必須具備的商業道德，就像做人一樣，忠誠、講

第一種能力：遠離慣老闆心態

義氣，對自己說出的每一句話、做出的每一個承諾，一定要牢牢記在心裡，並且一定要說到做到。

信用是老闆經營以及有效管理的人格保證。也是老闆樹立個體形象之根本。人無信則不立，作為老闆就更是如此。老闆的信譽甚至比他的能力更重要——有能力但沒有信譽的老闆，下屬不會服從；能力不強但有信譽的老闆，下屬會俯首聽令。

一些公司老闆在工作中常犯的錯誤之一就是朝令夕改，言行不一，失信於員工。這樣的老闆，無論多麼有能力，也無法讓公司變得強大。

我們都知道「朝三暮四」的寓言，那是主人耍弄猴子的遊戲。身為老闆，千萬不能用這種辦法得過且過，否則會失信於眾，難以開展工作。

有些老闆喜歡朝令夕改，有些則不承認曾下達過的命令，面對這類型的老闆，員工均不敢做出任何個人判斷，這樣，員工就會事事徵求他的同意，甚至要得到他的簽名證實，工作效率自然降低。

從心理學上分析，守信的重要性在於它關係到別人對你的期望。老闆一言既出，承諾了一件事，員工或客戶就會對你產生了期望。如果承諾不能兌現，他們便會心生厭惡，隨之老闆也就失去了權威和影響力。因此，西方著名管理學家帕金森說，關係到一個人未來前途的許諾是一件極為嚴肅的事情，它將在多年中被一字一句的牢牢記住。因此，老闆絕不要應允任何自己不能兌現的事，並確實使所有的人都了解到，你是這樣一個人，不吹牛，從不許諾任何不能兌現的事。

總之，身為老闆，無論如何也不能失信於員工，否則，你所失去的將不止是自身的權威，公司的利益也必然因此而受到損失。

勤奮是成功的必經之路

　　我認為勤奮是個人成功的要素，所謂一分耕耘，一分收穫，一個人所獲得的報酬和成果，與他所付出的努力是有極大的關係。運氣只是一個小因素，個人的努力才是創造事業的最基本條件。

　　勤勞苦幹原本是傳統美德，可是曾幾何時，有些人卻大肆鼓吹以巧致富，甚至單憑「賣點子」也能成為百萬富翁。他們僅憑哈哈鏡裡出現的假象去誘導人們偏離正確的致富之路，不僅害了自己也害了別人。只有那些本著勤勞苦幹精神的人才最終擁有一片天。

　　台塑集團創始人王永慶是可以媲美李嘉誠的偉大企業家，了解他的人應該都知道，王永慶並沒有讀多少書，從小在米店當學徒，後來從零起步，一步步發展，成為聞名世界的「台塑大王」。那麼，王永慶成功的祕訣是什麼呢？

　　按他自己的話說，就是勤勞苦幹。

　　王永慶出生於一貧困家庭，在兄妹中排行老大，從小就擔負著繁重的家務。從他六歲起，每天一大早就起床，赤著腳，擔著水桶，一步步爬上屋後兩百多階高的小山坡，再走到山下的水潭裡去打水，從原路挑回家，一天要往返五六趟，十分辛苦。不過，這也鍛鍊了他的耐力。

　　上完小學後，由於家境貧寒，王永慶為了維持一家人的生計，便沒有繼續上初中，而是來到嘉義一家米店當學徒。一年過後，他的父親見他有獨立創業的潛能，於是鼓勵他創業，並幫他開了一家米店。

　　米店雖小，但王永慶精心經營著。為了建立客戶關係，他用心計算每家客戶的消耗量，比如一家十口人，每月需20公斤，五口之家就是10公斤，他按照這個數量設定標準，當他估計某某家的米差不多快吃完

第一種能力：遠離慣老闆心態

了的時候，就主動的將米送到顧客家裡。這種周到的服務一方面確保顧客家中不會缺米，另一方面也給顧客提供了方便，尤其是那些老弱婦孺的顧客更是感激不盡。很多人自從買過王永慶的米後，再也沒到別家米店去買過米。

當然，王永慶這樣送米上門，由於諸多原因，當時不一定能收回款，但王永慶不以為然。他想，對於大多數領薪水的人來說，沒到發薪之日很少有錢，於是他牢記每個在不同機構工作的顧客，每月是哪一天領薪水，就在哪一天去收米款，結果十有八九都能讓他滿意而歸。

王永慶是一個胸懷大志的人，單獨賣米，他並不滿足，為了減少從碾米廠採購的中間環節，增加利潤，他增添了碾米設備，自己碾米賣。在王永慶經營米店的同時，他的隔壁有一家日本人經營的碾米廠，一般到了下午五點鐘就停工休息了，但王永慶一直工作到晚上十點半，結果是緊鄰的兩家碾米廠，日本人的業績總落後於王永慶。

「吃得苦中苦，方為人上人」。這句流傳千百年的至理名言告訴我們這樣一個道理：吃苦耐勞是一種優秀的特質，那些勤勞苦幹的人，很少有不成功的。苦吃慣了，便不再把吃苦當苦，反而能泰然處之，遇到挫折也能積極進取；怕吃苦，不但難以養成積極進取的精神，反而會採取逃避的態度，這樣的人也就很難有成就了。

只有實實在在的付出心血，才會換來難以撼動的財富，即使是擁有百萬資產的人，也要花費精力去投資、調查、管理，不斷擴大規模。越是富有的老闆越是勤勞，勤勞苦幹是他們創業成功的重要條件之一，也是保證他們事業穩步前進的主要因素。

勤勞苦幹是發財致富，獲取成功的祕訣，也是每一位渴望走向成功的人應該具備的基本素養。有道是：苦盡甘來，當一個人透過勤勞苦幹，讓自己的能力提高到了一定程度，各種機會自然會紛紛而來。

商場上應具備以德報怨的氣度

你不把一個傷害你的人當做仇人，他就可能變成你的朋友。

羅伯特是加州一個水泥廠的老闆，由於經營重合約守信用，所以生意一直火爆。但前不久另一位水泥商萊特也進入加州進行銷售。萊特在羅伯特的經銷區內定期走訪建築師、承包商，並告訴他們：「羅伯特公司的水泥品質不好，公司也不可靠，面臨著倒閉」。

羅伯特解釋說他並不認為萊特這樣四處造謠能夠嚴重損害他的生意，但這件麻煩事畢竟使他心生無名之火，誰遇到這樣一個沒有道德的競爭對手都會憤怒。

「有一個星期天的早上，牧師講到的主題是：『要施恩給那些故意跟你為難的人。』我當時把每一個字都記了下來，但也就在那天下午，萊特那傢伙使我失去了九份 5 萬噸水泥的訂單。但牧師卻叫我以德報怨，化敵為友。第二天下午，當我在安排下週活動的日程表時，我發現住在紐約，我的一位顧客正在為新蓋一幢辦公大樓要批數目不少的水泥。而他所需要的水泥型號不是我公司生產的，卻與萊特生產出售的水泥型號相同。同時我也確信萊特並不知道有這筆生意。」羅伯特說

「我做不成你也別做！」商業競爭的殘酷性本就是你死我活，理所當然應該保密。這是經商之人的普遍心態，更何況萊特那混蛋還無中生有，四處中傷羅伯特。

但羅伯特的做法卻出乎常人的意料。

「這使我感到左右為難，」羅伯特說，「如果遵循牧師的忠告，我應該告訴他這筆生意。但一想到萊特在競爭中所採用的卑劣手段，我就……」

第一種能力：遠離慣老闆心態

羅伯特心裡開始了天人交戰。

「最後，牧師的忠告盤踞在我心中，也許我想以此事來證明牧師的對錯。於是我拿起電話撥通了萊特辦公室的號碼。」

我們可以想像萊特拿起話筒瞬間的驚愕與尷尬。

「是的，他難堪得說不出一句話來，我很有禮貌的告訴他有關紐約那筆生意的事。」羅伯特說，「有陣子他結結巴巴說不出話來，但很明顯，他發自內心的感激我的幫助。我又答應他打電話給那客戶，推薦由他來提供水泥。」

「那結果又如何呢？」有人問。

「喔，我得到驚人的結果！他不但停止了散布有關我的謠言，而且同樣把他無法處理的生意也交給我做。現在嘛，加州所有的水泥生意已被我倆壟斷了。」羅伯特有些手舞足蹈。

報復是甜美的、快意的。給小人予以迎頭痛擊，想來該是多麼痛快。但在商業競爭中，一名老闆若將自己的時間和精力浪費在向別人報復的過程中，那他只能與成功失之交臂。報復是一把雙刃劍，在傷害對手的同時，也不可避免的傷及自己，甚至更為厲害。這樣對你的聲望同樣沒有任何幫助，不知內情的旁觀者還容易對你產生誤會。

你報復，就證明你已在對手面前失去冷靜，失去冷靜的人必然失去理智。失去理智的老闆又怎能在變幻的商海中審時度勢呢？同時，對手也會明白他的所作所為已經傷害到了你。你對他的報復將會使他給你更大的報復，使你蒙受更大的損失。你要消耗更多的時間來進行自我防衛，這樣便陷入了漫長的拉鋸戰之中。在這種情況下，又如何在商場中把握機遇，謀求發展呢？

老闆應時刻提醒自己：經營活動的最終目的就是要讓自己的公司發展壯大，實力增強，要做好生意，要獲得財富，就要建立廣泛的社會關係，其中包括與你的對手交朋友。結一個冤家就相當於堵住了自己的一條退路和進路；如果包容了一個對手，就相當於多交了一個朋友。

謙遜低調是成功的關鍵

良賈深藏若虛。

在全球化、資訊化浪潮的席捲之下，商業競爭已經到了大浪淘沙的時代。即便一個公司有過耀眼的成績，即便一位經理人取得過巨大成功，但是面對未來越來越多的不確定性，保持謙虛謹慎，適時隱藏自己的鋒芒，也是很有必要的。

老闆在公司裡，需要處理好各種關係，其中一個重要任務就是傾聽基層員工、股東的聲音，從而為正確的決策提供科學依據。在這裡，老闆的目的是獲取有價值的資訊，而不是自我表演，那種不可一世的做法是極其愚蠢的。所以，無論你有怎樣的才華、志向、榮耀，與人打交道時都要暫時隱藏鋒芒。

此外，隱藏鋒芒、不張揚，有時還需要貫徹到具體的計畫執行中，達到春風化雨的效果。比如：在招聘員工的時候，以一個觀察者的身分出現更能獲取有價值的資訊。

肯德基是一家業務遍布全球的跨國公司，在美國本土的總公司如何管理遠在千里之外的眾多員工呢？除了嚴格的組織管理制度外，暗中考察下屬是肯德基採用的有效策略。

一次，肯德基有限公司收到了三份總公司寄來的鑑定報告，對他們

在餐廳的工作品質進行了客觀的評定。公司管理人員面對這些文件疑惑不解，因為總公司從來沒有派人到這裡考察，怎麼會有鑑定結果呢？

原來，肯德基總公司僱傭和培訓了一批考察人員，以普通顧客的身分到指定的速食店裡接受服務，從而對服務人員和管理人員進行檢查評分。很顯然，提供服務的肯德基員工無法知道自己接受了考察和評價。就這樣，「祕密客」完成了考察的任務，並對餐廳經理和員工形成了一定壓力，從而激勵他們專心把工作完成。

一個人如果處處鋒芒畢露，很容易得罪他人，為自己的前進製造阻力。這種阻力很有可能是來自多方面的，會讓你分散精力，最終很難到達預期的目標。老闆身居高位，要學會隱藏鋒芒，以海納百川的氣度做人、做事、做生意。

和善待人讓你更完美

善氣迎人，親如弟兄；惡氣迎人，害於戈兵。

待人和善並不意味著你需要去討每一個人的喜歡。一個成功的老闆做出決定時依據的標準是：什麼是對的，而不是什麼是討人喜歡的。正是這一點使他們能贏得人們的尊敬，不管他們是否討人喜歡。

享有盛譽的卡法羅購物中心（擁有 6 億美元的資產）是靠這樣的經營哲學發財致富的：「如果今天交一個朋友，明天就可以做成一筆買賣。」這個道理很簡單。如果你首先和善待人，你就可能從人們身上得到你所需要的東西，而粗暴無禮，你將一無所獲。

老闆要努力使自己不要顯得高高在上、盛氣凌人。所謂和善，並不

是你去巴結奉承，到處說：「請、謝謝」，而是採取這樣一種態度：「我對你好，希望你也對我好。我們不迴避難辦的問題，我們要在互相尊重的情況下解決它們。」

聯合國教科文組織曾在公布的一份報告中提出了二十一世紀教育的四個基本點：①常識認知；②學習做事；③學習為人處世；④學習和睦相處。教育在人與社會的持續發展中發揮著重要作用，而上述四點相互作用，構成了教育的有機整體。在對他人的逐步認知方面，聯合國教科文組織認為，教育的任務是要指出人類的多樣性，幫助人們意識到相互間的相似之處，使人們懂得所有人都是相互依存的。

不錯，你也可以認為，你見過許多粗暴專橫的人也能行得通。雖然，從短期來看，有時甚至從長期來看，這些人也得逞了。但是，在多數情況下，行不通。特別是在當今這個時代，員工們越來越不能容忍老闆的粗暴行為。如果你對員工不好，你是長久不了的。上面的或者下面的有權勢的人將把你弄掉。

為人做事一開始就要盡量富有人情味，與人為善。之後，你隨時可以在一些問題上採取比較強硬的立場。如果你一開始就非常粗暴、謾罵，以後想變得和善起來，那幾乎是不可能的，員工們絕不會相信你。

如果你在電梯裡或在對待清潔工的態度上表現得不那麼和善，人們也會注意到的。如果你對不那麼顯要的人都很和善，那麼，你如何對待大人物就不用煩惱了。

如果必要的話，你不妨試一試以下這些表示和善的做法：
(1) 當別人特意安排，滿足你的日程時，你應當做出三倍的努力，報答別人。
(2) 不管是客戶，還是同事和下屬，主動為他們開門。

(3) 與政府官員、長輩或客戶同行時,盡量比他們慢半步走。

(4) 如果你正在開會,你不妨暫時離開一會,出來親自告訴你的下一個約會者,你要推遲一段時間,請他到你的辦公室或會議室(比大廳更重要一點的地方)等候。

(5) 提醒你的祕書對每一個人都要和善客氣,而不要僅僅對待他認為你喜歡的那些人才和善客氣。

(6) 每當你碰到一個粗魯無禮的人,你就內心笑一笑默默的說:天啊,世界上還有這樣的人,幸好你不是他。

(7) 在做自我介紹時,說出你的名字,不要以為人家都知道。要記住人家的名字,並且有意識的使用它。(有一位公司主管說:「雖然我見過他們,但我記不住他們的名字,因為我太忙了,沒有時間看他們的臉孔,記他們的名字。」你可不要學這位老闆)

關於待人和善,老闆有兩點需要注意:其一,待人和善要真誠,不要做戲;其二,對違法亂紀、不道德的行為,可不能和善相待。在這方面只要有絲毫的「和善」,就會馬上被人利用。

第二種能力：巧借力，不單靠賺錢

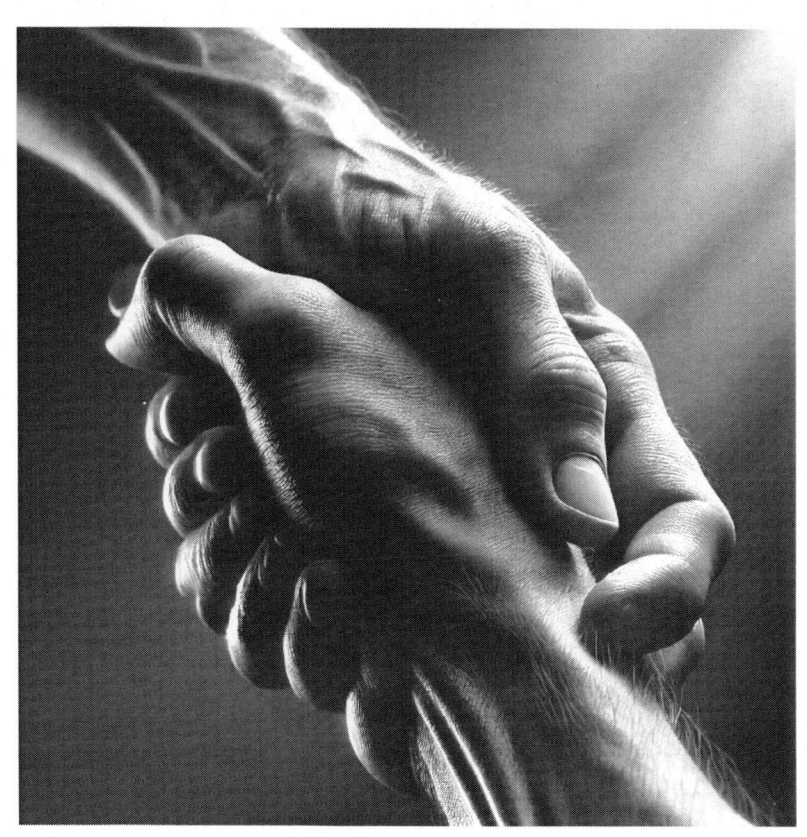

■ 借力是成功的必要條件

　　登高而招，臂非加長也，而見者遠；順風而呼，聲非加疾也，而聞者彰。假輿馬者，非利足也，而至千里；假舟楫者，非能水也，而絕江河。君子生非異也，善假於物也。

　　善於「借」力是一個重要部分，無論是軍事、政治還是與世無爭的文學領域，都擅長用一個「借」字。正所謂：「好風憑藉力，送我上青天」。在現代商場中，借勢、借事、借時以及借史，比比皆是。如 2003 年統一潤滑油的「多一點潤滑，少一點摩擦」，就是借用了「伊拉克戰爭」一時事。對公司的老闆尤其是中小公司老闆來說，善於借力也是取得成功不可或缺的條件。因為他們本身，不論財力、人力或其他競爭條件都無法與已經成熟的大公司相比。大公司因為資本雄厚、資產眾多、關係良好，向銀行貸款融資可說是輕而易舉。而在人才的網羅方面，大公司亦比中小公司更具吸引力。在這種情況下，中小公司欲求生存、圖發展，唯有採用「借他人的雞，孵自己的蛋」的策略，才能在大公司的競爭中保住自己的一席之地。

　　美國有家叫鮑耶的瓷器公司，這家公司老闆從已故的丈夫手中接過來的只是一個規模很小、沒有名氣的專門生產花、草、禽、獸瓷雕藝術品的小公司。這位女性老闆接管後，當即為公司制定了樹立獨特形象的兩條策略目標：其一，以藝術家的名聲製造新聞，把產品宣傳出去，產品要珍藏在國家博物館中，以抬高身價；其二，以慈善家的名聲生產象徵人類保護的野生動植物。

　　該公司的產品的確藝術性很強，另一方面各新聞媒體對此紛紛予以報導，使這個小小瓷器公司聲譽鵲起，該公司的產品一時間也成了熱門

貨。老闆在創業之初，或者在面對一個破破爛爛的公司，而憑藉自己的力量又實在難以支撐下去時，充分的借用他人之財，借用他人的設備，借用他人的優勢，在短時期內完全可以打一場漂亮的戰役。此外，借用地理環境的優勢，借用國家的某些優惠政策，同樣也可以白手起家，在短時間創造出巨大的財富。

當然，在商業活動中可借鑑的不止以上這些。除了資金可以借，設備、場地等有形資產可以借，那些富含巨大財富潛能的技術、人才、名人名牌效應都可以借。

整合資源為己所用

能相地勢，能立軍勢，善以技，戰無不利。

作為公司老闆，要帶好公司各個部門，讓每個部門協調運轉，讓每位員工都能各盡其職，重要的就是自身應該具備整合資源的能力。

這種能力就是來自老闆的借勢能力。只有老闆善於借勢，才會調動所有資源為公司所用。

老闆也不是萬能的，也是有缺點和不足的，不可能萬事都通。這就正如一個軍事家，不一定非得在戰場第一線像個神槍手一樣，而是指領導者透過自己對各方面能力的組合，有效調動外部條件來完成某件工作。

一個化工行業的老闆，其所學的專業是公司管理，如果要他也懂化工技術就有點強人所難了。他雖然不懂化工技術，但是他可以透過自己其他方面的能力來解決這一問題。他可以找到幾個化工技術的專家，讓

第二種能力：巧借力，不單靠賺錢

他們來完成這項工作，這也是老闆借勢的能力。

外行可以領導內行，但關鍵是外行領導要善於整合資源，調動各方面的有利因素為己所用。

老闆應該有自己成事的能力，這樣，你的聲譽就會很高。聲譽是一個成功老闆必備素養之一。有了聲譽，你在行使職權時，下屬就會聽你的，也樂意站在你的身邊，與你一起奮鬥。如果你不具備自己成事的能力，你的地位再高，職權再大，下屬也不會圍著你轉。即使懾於你的權力，不敢正面對抗，心中也是充滿排斥感的。這樣就會降低工作熱情，最終影響到效率。

當然，老闆光有自己成事的能力是不夠的，還必須要有藉助別人成事的能力。如果要將這兩種能力分個輕重的話，藉助別人成事的能力分量要重一點。

僅有自己成事的能力，而缺乏幫助下屬成事的能力，這最多也只能算是個務實型老闆，還談不上是一個合格老闆。

真正高明的老闆，應該在安排工作時，就詢問下屬能不能做好，知不知道怎麼做。如果下屬不知道，或者領會不夠，就要幫助下屬。工作安排下去後，如屬重要或者緊迫工作，還要不斷的去檢查下屬的工作。在檢查過程中，一旦發現對方做得不對，馬上糾正他。如果對方實在不行，這時要親自畫個「葫蘆」給下屬，讓其按「葫蘆」發揮。這樣可以避免走彎路。

如果老闆不具備幫助別人成事的能力，當下屬不懂得怎麼做時，而你又不能幫他，那麼工作就會受到阻擾。

同樣的道理，幫助下屬成事，並不一定是要你親自去做，因為你也

不一定會做。如果一個化工技術員，在工作中碰到了難題，要你這個學公司管理專業的主管去做，你也辦不到。但你可以改變他的思維模式，教給他解決問題的方法。

老闆不一定要面面俱到的什麼都懂，但他的思維方式、解決問題的能力和方法應該是高於其他人的。要善於教給下屬方法，並改變下屬固有的思維方式。

善於借勢創新

一切都是可以靠借的，可以借資金、借人才、借技術、借智慧。這個世界已經準備好了一切你所需要的資源，你所要做的僅僅是把他們收集起來，運用智慧把他們有機的組合起來。

自 Apple II 型獲好評後，蘋果公司的總裁賈伯斯自認為對工業設計具有了出神入化的工夫。於是為了降低成本，兩張線路板間的接頭金屬沒有用不會腐蝕的，而改用便宜的金屬，結果到 1980 年秋，發現接頭已被腐蝕。因賈伯斯早已脫手這項計畫，參與這項計畫的工程師成了代罪羔羊。

為了能使蘋果公司設計出一部全新的電腦適應個人電腦市場的迅速發展，賈伯斯從惠普公司請來兩位經驗豐富的工程技術經理瓊·考曲與康·羅斯米勒，他為這次設計行動取名為麗莎計畫（Lisa Project），以此來紀念他與柯琳的私生女。自這項計畫於 1979 年開始以來，賈伯斯自我膨脹也越來越嚴重。當時擔任公司總裁的麥克·史考特及董事長馬克庫拉對賈伯斯越看越不順眼，於是兩人密切合作，由董事會於 1980 年 8 月做出

第二種能力：巧借力，不單靠賺錢

決定，新的麗莎計畫交由鐘・考曲負責。Apple II型與III型的產品及生產線交予經理湯姆・惠妮管理，而賈伯斯被推選為董事長，負責公司股票上市問題，但是公司中沒有一個部門是在賈伯斯的掌控之下。賈伯斯被趕出麗莎計畫後，使他無所適從。

此時拉斯金小組正在開發一種「麥金塔計畫」。因該計畫與蘋果公司的電腦發展方向很不吻合，因此不被重視。該計畫想開發出一部小而廉價的大眾化電腦。該電腦的成本價約370美元，大約為較大型且價格昂貴的「麗莎」電腦的四分之一。正在「麥金塔計畫」即將遭到史考特的否定時，賈伯斯出現了，他決定插手「麥金塔計畫」。賈伯斯的加入使小組成員的士氣大振。當史密斯按賈伯斯的要求於1980年底研究開發出粗糙的原型機組時，賈伯斯心中靈感頓起，麥金塔電腦就是1980年代的Apple II型，而這時史考特也圖個清靜，把冷門的「麥金塔計畫」交給賈伯斯處理。

麥金塔電腦很容易操作，原因在於用戶在操作時不必強記各種命令，只要移動手上的滑鼠游標，讓螢幕上的游標移動代表某命令的圖示上面，再按一下滑鼠左鍵，電腦便完成一項操作，它集中了視窗、圖示及功能表於一體。

有關圖形顯示介面的開發史可追溯到1960年代初期，當年喬治・埃文斯與伊凡・薩瑟蘭合作在大型電腦上進行應用圖形方面的研究。薩瑟蘭在撰寫的文章中說，圖形顯示將對電腦的普及應用發揮重要的積極的作用。

幾年以後，史丹佛研究中心的道格拉斯・恩格巴特在薩瑟蘭「繪圖板」研究的基礎上引申出「視窗」（Windows）的概念。恩格巴特的「視窗」介面在螢幕上可同時顯示幾個模組的程式功能。

1970年代初，全錄公司在加州的波羅阿圖建立的帕羅阿圖研究中

心，雲集了一批電腦精英。他們開發的「阿爾托」電腦可以讓幾個「視窗」同時出現在螢幕上，而且每個視窗的內部可獨立操作。當 1979 年 12 月，蘋果公司創辦人賈伯斯到 PARC 參觀時，看到顯示效果，十分興奮，不禁問道：「這玩意太棒了！這是革命性的發明，你們為什麼不大幹一場呢？」

回到蘋果後，賈伯斯迅速納入「麗莎」電腦的開發中，在他被趕出麗莎計畫後，他又把 PARC 圖示介面顯示納入「麥金塔」電腦的開發中。

1982 年秋，麥金塔小組的陣容急劇擴張，幾乎每天都有新臉孔出現。麥金塔電腦處於不斷開發與改進之中。賈伯斯打算在全國電腦會議開幕那天——1983 年 5 月 16 日宣布麥金塔電腦的研發成功，讓世人震驚一番，但到 1983 年 2 月分仍有無數的疑難有待解決，譬如：就磁碟驅動器系統而言，阿卑斯公司答應六個月內提供麥金塔所需的磁碟驅動系統。這勢必使麥金塔電腦的推出再往後延至 1983 年 8 月 15 日。這無疑對麥金塔小組來說是一次嚴重打擊，原定於 1983 年 1 月 15 日前將該電腦的硬碟機、軟碟機完成的計畫完全落空。不僅如此，因麥金塔電腦上市的各種準備計畫仍需很長一段時間，因此上市時間不得不推到 1984 年初。

麥金塔電腦的花費非常大，到 1983 年夏季為止，蘋果公司為發展麥金塔電腦已花費 7,800 萬美元，公司製作成本是一臺 500 美元。其中，83% 為原料成本，16% 為間接管理費，人工成本占 1%，而且在以後的一百天內廣告預算將達到 1,000 萬美元。而整個年度的廣告預算更高，將達到 2,000 萬美金。其中包括《新聞週刊》與《商業周刊》為麥金塔電腦發表的頗具影響力的文章。這些都是在吉斯·麥克納的協助下完成的。到 1983 年 11 月，為 1984 年全美橄欖球賽所製作的廣告已大功告成，並經麥金塔小組評審後通過。麥金塔上市的所有計畫都按部就班進行，而

第二種能力：巧借力，不單靠賺錢

且來自報業的反應遠比預期要好。到 1983 年年底，在賈伯斯的整體指揮與調度下，完成了一項電腦界有史以來最驚人的新電腦上市計畫。唯一沒有做的就是大眾的反應。

在 1984 年初，第十屆全美橄欖球聯賽的第三場比賽中（來自洛杉磯的突擊隊以 38：9 的分數擊敗華盛頓的紅人隊），蘋果公司那部名為《1984》的麥金塔電腦廣告片播出了。據尼爾森公司調查，當年的全美聯賽的收視率已達 46.4%，即全美國有 50% 的男子與 36% 的女子觀看了比賽。廣告的風格別出新裁。

廣告一開始是走調的音樂合奏曲，畫面上出現數千雙沉重的腳步聲並配以令人不安的節奏。在經淡化處理的灰色世界裡，成排剃光頭的人出現了，一個接一個拖著疲憊的腳步在走著，人數之多難以數清。其中出現一張大臉（暗指大哥，即 IBM）面無表情的在說些沒有意義的長篇大論。每幾秒鐘就插播一位年輕貌美、身穿紅短褲與麥金塔 T 恤的金髮女郎，她是整個廣告中唯一色彩鮮明的部分，只見她在迷宮式建築物中亂闖，外面是灰慘的世界。她雙手持著一雙鐵槌在奔跑，身後一群戴頭盔的「思想」警察在追趕。最後她跑到一個大廳中，一大群面無表情的人坐在成排的木凳上，瞪視他們領袖的臉。當她接近前方牆上的螢幕時，突然停下腳步，揮舞著大鐵槌，朝大型顯示器的中間擲去，只見一陣強烈的風吹向大廳的群眾。最後螢幕出現一行字，旁白念出：1 月 25 日蘋果電腦公司將推出麥金塔電腦，你將了解為什麼它不同於《1984》這本小說。

於是全美國人的談話主題集中在這一廣告上，各種不同反應紛至沓來。突然間幾百萬美國人注意到一件名為麥金塔的產品，而它有意無意間表達出他們想在電腦業做老大的企圖。這就是賈伯斯想要的狀況。

1984 年 1 月 24 日蘋果電腦股東年會的當天，蘋果電腦公司隆重推

出麥金塔電腦,揭幕的這一天是賈伯斯最得意最神氣的一天。前天晚上為了所需的軟體,他不敢睡覺,一直等到第二天凌晨三點鐘,闔眼沒多長時間,一大早起來打上他最好的蝴蝶結,穿上雙排扣的正式燕尾服。在麥金塔電腦展覽廳,前面幾排坐滿了麥金塔小組的成員,大家都穿上有麥金塔標誌的T恤,沉浸於興高采烈的氣氛中。大家就座後,由擴音機傳出曾風靡全美的英國電影《火戰車》的主題曲,主題曲由音樂大師吉利斯演奏,該片展示了一個反敗為勝的故事。這次揭幕活動目的是要告訴大家世界需要電腦,電腦能使大家的生活過得更好,個人電腦是好的產品,而麥金塔是好中之好(best of best)。麥金塔就好比是一個信仰,而賈伯斯就是傳道師。

在麥金塔電腦推出後,立即造成轟動效應。賈伯斯從電腦業界人物,一躍成為對美國文化有重大功績的英雄。從車庫起家到麥金塔的傳奇故事使他一炮走紅,家喻戶曉。當時電腦業已形成一種傳統,即若不跟著IBM的腳步走,就必定陷入失敗的命運。因此Apple II型與麥金塔電腦無疑是對這種傳統的迎頭痛擊。因此,在財富成為衡量一個人成功與否的美國國度,賈伯斯不僅作一位億萬富翁是成功的,而且還表現出美國人崇拜的另一項人格特質——獨創精神。人們對賈伯斯的崇敬感油然而生。

當今商場,競者如雲,商場局勢千變萬化。可以說是時而平湖秋月,雲淡風輕,時而又電閃雷鳴,風雲突變。任何一個商家要在商場中立於不敗之地,首先要能審時度勢和善於借勢。因為現今商場的內外環境是外在不斷的變化之中的,「永遠變化」是現今商家面臨的一條永遠不變的規律。事實有力的說明:拘泥不變、安於守成,不善借勢是商家競爭的大忌;先知先變,審時度勢,善於借勢是商家制勝的法寶。

勇敢借貸，讓資金滾動

要假設你融不到一分錢的情況下去做事業。

成功的經營者們常常這樣說：「借貸就是一把雙刃的劍，你若小心運用會使你致富，你若不小心會適得其反。」借債有其不利的一面，但關鍵要看是什麼債。若是消費性借貸，那的確應極力避免，但「投資性借貸」又是另一種情況。事實上，少有白手起家的富翁不借債的。富人之所以能夠成功，是因為他們深諳借錢、貸款的力量。一個人可能撬起他雙手根本無法承擔的重量，提到這個原理，不得不提及科學家阿基米德說的話：「給我一個支點，我便可以撬起地球。」

槓桿原理便是利用借貸來的錢來使一個人的小耕耘變成大收穫。槓桿原理和下面四個字有關——別人的錢。不願借貸別人的錢，不願負債，那麼，只能「保守」的守著攤子，世界上就有這麼一個人。

據相關資料刊載：

美國可口可樂公司的前任董事長伍德拉是位極保守的金融家。他一生最厭惡負債，經濟蕭條前夕，他剛好償清公司的全部貸款。一次，公司裡一位財務負責人要以9.75%的利息去借一億美元的資金來興建新建築時，他馬上回答說：「撤了他，可口可樂永遠不借錢！」他的謹慎策略使可口可樂公司在經濟大蕭條中免遭滅頂之災，但也因此產生副作用，使這個公司長期得不到發展，無法進入美國大公司之林。

後來，戈蘇塔擔任了公司董事長的職務，一改前任的作風，看準方向，大舉借款。他接手時，可口可樂公司資本中不到2%是長期債務，從那以後，戈蘇塔把長期債務暴增到資本的18%，這種舉動使同行們大驚失色。戈蘇塔用這些資金來改建可口可樂公司的瓶裝設備，並大膽投資

於哥倫比亞影片公司。他說：「要是看準了兼併對象，我並不怕增加公司的債務負擔。」這種不怕負債的勇氣將可口可樂公司從困境中解救出來，公司的利潤一下子成長20%，股票也開始上漲。

戈蘇塔不怕負債的勇氣是來自於看準方向的基礎之上的。他不是濫借貸款，加重公司負擔，而是將債款用到生產的關鍵環節上。這樣，暫時的負債會贏得長時間的盈利，最終債務也會徹底清償。如果畏首畏尾，不敢冒借債的風險，那麼公司就會永遠失去發展的機會，最終會在公司競爭中失敗。

事實證明，天才的賺錢者了解並能充分利用借貸。世界上許多巨大的財富起始之初都是建立在借貸上的。靠借貸發家是白手起家的經營者的明智之舉。記得法國著名作家小仲馬在他的劇本《金錢問題》中說過這樣一句話：「商業，這是十分簡單的事。它就是借用別人的資金！」

藉名人造勢，提升知名度

公司選擇恰當的名人出任形象大使，對於提高公司的知名度、美譽度、擴大產品的市場占有率都會有極大的幫助。

在現代公司的經營中，有膽有識的老闆都善於藉著名人大造聲勢，以適時、準確、廣泛、生動的宣傳，提高本公司的知名度，增強公司產品對消費者的吸引力，達到搶占市場，擴大銷售的目的。

1964年，曾主演過《蒙面俠蘇洛》的法國電影明星亞蘭·德倫首次到日本訪問，這件事引起了日本洛騰口香糖公司經理辛格浩的密切關注。

此時的「洛騰口香糖」正是銷售疲軟、資金周轉不靈的時期。辛格浩經過一番苦思冥想，派人四處活動，想方設法邀請亞蘭·德倫來廠參觀，

第二種能力：巧借力，不單靠賺錢

決定利用這一機會做廣告，改變一下經營的被動狀態。

這一天，全廠張燈結綵，一派節日氣氛，公司的高層人物站在廠門口列隊歡迎亞蘭‧德倫。在辛格浩的精心安排下，五六個胸掛微型錄音機的職員充當接待人員，不離亞蘭‧德倫左右，同時還聘請了攝影師把參觀的全過程都拍攝下來。亞蘭‧德倫在參觀完配料部門、壓製部門後，來到包裝部門。在部門裡，亞蘭‧德倫嘗了一塊口香糖，隨口說了一句：「我沒想到日本也有這麼棒的口香糖……」

這句出於客套的話卻被欣喜萬分的陪同職員錄了下來。從當天晚上開始，電視上天天出現一則很惹人注意的廣告：亞蘭‧德倫笑咪咪的嘗一小塊口香糖……

這則廣告立即像磁鐵一樣吸引了日本成千上萬亞蘭‧德倫的影迷，大家都爭先恐後的購買這種口香糖。很快所有商店裡的洛騰口香糖都賣完了，庫存也一掃而光。

辛格浩靠適時變通，借名人之名為自己的產品「衝」開了銷路，挽救了瀕臨倒閉的洛騰公司。

老闆應該知道，利用名人替自己的產品「衝」出銷路是非常必要也是有效的行銷手法。在不具備名人出面相助的情況下，也要敢採用更大膽的「借名」之技。

美國肯塔基州的一個小鎮上有家不出名的餐廳，餐廳老闆發現，每當週二的時候，來就餐的人特別少。老闆幾次想扭轉這種冷落局面，但都收效甚微。一個週二的傍晚，老闆閒坐無事，便隨手翻閱桌上的電話簿，翻著翻著，老闆忽然看到一個熟悉的名字──約翰‧韋恩，老闆一愣，但很快明白過來。這是一個與當時紅極全美國的巨星同姓同名的人，老闆來了靈感，何不借用真約翰‧韋恩的名字和名氣，請「假」約翰‧韋恩來用餐呢？到時候，鎮上的人出於好奇，一定會光顧餐廳。老闆先

打了電話給「假」約翰‧韋恩，邀請他攜夫人於下週二晚上八點到餐廳吃飯，餐廳免費供應他雙份晚餐，「假」約翰‧韋恩欣然同意。然後，老闆貼出一張大海報：「隆重歡迎約翰‧韋恩先生於下週二光臨本餐廳！」

大海報一貼出去，果然在小鎮上引起了轟動。人們在紛紛議論的同時，又焦急的盼望下一個週二早點來到，好一睹這位明星的風采。到了週二，餐廳的生意大增。顧客們詢問老闆：「約翰‧韋恩什麼時候光臨？」老闆回答：「晚上八點準時到達。」這一天傍晚，顧客們早早的就進入餐廳用餐；不到七點，想要用餐的人就不得不在餐廳門外排起了長隊，接近八點的時候，餐廳的內外已是人頭攢動、水洩不通了。

八點整，餐廳老闆透過餐廳內的擴音器宣布：「各位先生、各位女士，約翰‧韋恩攜夫人一起光臨本店，讓我們共同來歡迎他和他的夫人！」

餐廳內、外頓時鴉雀無聲，所有的人都把目光投向餐廳門口——在餐廳老闆和漂亮的服務小姐的陪同下，一位矮小的、道道地地的肯塔基州老農民與他的妻子微笑著、又有些忐忑不安的迎著眾人的目光，走入餐廳。

「這就是巨星約翰‧韋恩及其夫人？」

所有的人都幾乎不相信自己的眼睛。但是，這只是很短時間內的驚疑。過了一會，人們很快明白了是怎麼一回事，餐廳內爆發出一片善意的哄笑聲，有人大喊：「歡迎約翰‧韋恩！」於是，更多的人大喊：「歡迎約翰‧韋恩！」人們把約翰‧韋恩夫婦擁上上座，還紛紛要求與約翰‧韋恩夫婦合照留念，整個餐廳一派喜氣洋洋的氣氛。

餐廳老闆從邀請約翰‧韋恩的成功中受到鼓舞，於是繼續從電話簿上尋找與「名人」同名的人到餐廳免費用餐。當然，老闆並沒有忘記事先貼出一張大海報，公告鎮上的父老鄉親，而鄉親們也都樂意到餐廳來「捧場」。此後，每逢週二，這家餐廳的生意最為興隆。

第二種能力：巧借力，不單靠賺錢

有很多暢銷產品都曾經默默無聞的存在了很多年，偶然一次經名人推崇、使用，便身價倍增，名揚海內外。這些產品的功能，在名人使用以前已經存在，並非是在名人使用時提高的。為什麼同一產品在這前後身價就大不一樣呢？這是藉助名人權威的緣故，藉名人做了廣告、宣傳，樹起了威信，提高了自己的身價。在普通人的思維中，有這樣一種心理習慣：名人推崇、讚賞的東西，也一定是好東西，品質、性能也一定堅實，無須再去懷疑、等待、考驗，同時社會上也存在一種模仿名人的風氣。名人用什麼，我也用什麼；名人穿什麼，我也穿什麼。名人用的東西，不但能引起人們的重視、青睞，而且很可能在社會上引起購買熱潮。

以他人產品，為己揚名

成功的老闆敢闖敢做，是商場上最善於借雞生蛋的人。

美國可以說是一個由移民組成的國家，行走在美國街頭，你有機會與各種膚色的人擦肩而過，喬治・強森來自黑人家庭，也服務於廣大黑人同胞。

那麼，在這樣一各種族歧視嚴重的國度裡，一個默默無聞、靠借來的 470 美元起家的黑人男子，是怎樣變成擁有資本 8,000 萬美元的大公司老闆，成為美國的黑人大亨，取得如此令人瞠目的成就呢？答案就是他活用了「借」力的經商技巧。

約翰遜是個有心人，最初他在一家名為「富勒」的大公司負責推銷黑人專用化妝品。雖竭盡全力，卻成效甚微，為什麼？他開始思考，終於悟出：「自己推銷的商品是特殊商品，特殊之處就在於消費者是黑人。」

而黑人當時在美國的經濟地位和社會地位普遍低下，受教育程度也大大落後於白人。他們不僅購買力有限，而且大多數人還不懂如何使用化妝品，甚至根本連使用化妝品的欲望還沒有產生呢！他必須摒棄「鼓勵需要者購買自己的商品」的普遍做法，而另闢新路。「誘導不需要者產生需求」這種想法是約翰遜推銷生涯的一個轉機，為他開創一種新的推銷方式奠定了基礎。

怎樣讓黑人婦女喜歡化妝品呢？關鍵是要讓她們體驗到化妝前後的差別，以活生生的事實刺激她們想修飾自己的欲望。左思右想，他冒著賠本的風險，冒著丟掉「飯碗」的危險，開始推行一個「先嘗後買」的全新推銷方式。

膽量過人的約翰遜，在黑人居住地區鋪開攤子，先用租來的手風琴自拉自唱流行歌曲，吸引了來往的黑人。待人們聚攏後，他開始介紹化妝品的功效，並慷慨請大家隨意試用，「愛美是人類的天性」，誰不想使自己變得更漂亮些，更何況不用花錢就能打扮自己呢？羞怯的黑人婦女開始壯著膽子湊過來，在約翰遜的指導下塗脂抹粉，陶醉在別人的注視和自我欣賞之中。可是到第二天一恢復本來面目，就遠不如化妝漂亮。婦女們不甘心，約翰遜終於喚起了黑人婦女對化妝品的欲望，一個月後，「先嘗後買」取得驚人效果，公司聲威大振。

推銷事業上的初步成功，萌發了約翰遜「自己開辦一家化妝品公司」的強烈願望，雖然前有「富勒」這樣有名的大公司擋道了，後又無鉅資支撐，「約翰遜製造公司」還是在夾縫中誕生了。

善於思考的約翰遜知道，要想把品牌打響，必須開發一種「富勒公司」沒有的獨特的物美價廉的新產品。憑藉他的細心觀察，他注意到黑人的皮膚分泌脂肪較多，表面常有一層油汗混合物，如果使用油性護膚

第二種能力：巧借力，不單靠賺錢

膏，皮膚表面的油質就更厚了，會非常不舒服。他決心試製一種能改善黑人皮膚質感的水粉護膚霜。一個月後，「約翰遜製造公司」的第一代產品問世了。嘗到了成功的喜悅之後，憂慮又向約翰遜襲來。「怎樣吸引顧客購買新產品呢？」約翰遜製造公司是小本生意，資金周轉不靈，「先嘗後買」的故伎不能重演，利用廣告展開攻勢也不行。一是公司太小，沒有名氣，人家很難相信；二是大力渲染會引起對手「富勒公司」的警覺，而「約翰遜製造公司」是經不起輕輕一擊的。就在「山重水複疑無路」之際，一種「烘雲托月」的推銷技巧浮現在聰明的約翰遜的腦海中。

他決定採取拐彎抹角的「借」法，不直接誇耀自己的產品，而在宣傳別人產品時順便介紹自己的產品，如此一烘托，反倒突出了自己的產品。好主意！於是，約翰遜四處遊說：富勒公司是化妝品行業的金招牌，您真有眼力，買它的貨算是做對了。不過在您用過它的化妝品後，再塗一層約翰遜製造公司新生產的水粉護膚霜，肯定會獲得您想像不出的「奇妙效果」。由於明著吹捧「富勒公司」，對方的戒心和敵意蕩然無存。又由於把自己的產品說得那麼神祕，從而勾起了人們天生的好奇心，誰不願意再花幾個錢買一盒「約翰遜製造公司」的護膚霜來體驗一下？顧客這捎帶著一買、一用，想像不出的奇妙效果果然出現，臉上不再黏糊糊了，皮膚滑爽了。由此約翰遜製造公司的新產品成了黑人婦女生活中不可缺少的用品，約翰遜藉宣傳「富勒」產品，卻實際上為自己的產品揚了名！

約翰遜的成功，每一步都展現了經營者的睿智。

第三種能力：商業騙局防不勝防

第三種能力：商業騙局防不勝防

▇ 小心借貸陷阱

人不能把金錢帶入墳墓，但金錢卻可以把人帶進墳墓。

實事求是講，一個人如果真的是身無分文，要想創業起家也不大可能。做任何生意，辦任何實業都必須有最基本的本錢，所以，一個想發家致富的人要辦的第一件事就是透過各種途徑去籌集所需的起碼的資金。靠借貸開創自己事業的老闆不少，但是，專靠借貸，特別是靠借高利貸來開創事業，就很有可能使自己背上沉重的包袱，是進「偏門」，此門莫入。

本想利用網路的便利向所謂的「地下錢莊」借貸，以解創業燃眉之急，沒想到卻成了詐騙的獵物，白白被騙去了 9,500 百元。一心想發財致富的俞某在被騙後，向當地警察局報了案。

據俞某講，他在網路上看到了一則「地下錢莊借貸」的廣告，稱借錢每月收 2% 的利息，上面還留有手機號碼，俞某將號碼存在了自己手機裡。此後不久，俞某急需用錢，想到了那則廣告，便打去電話詢問。「借錢需要什麼條件的？」「你先匯 500 元過來，成為我們公司的會員，就可以進行下一流程了。」「我借 5 萬元可以嗎？」「可以的。」

俞某滿懷希望的匯了 500 元到對方帳號，再打電話過去時，另一名自稱是公司會計的男子接聽了電話，稱要再匯 3,000 元當押金，公司送錢的業務員才能過來。當天中午，俞某又匯去 3,000 元。第三次打去電話，「會計」說，要想我們送錢過來，需先試試你的償還能力，如果能匯上 6,000 元，錢就可以替你送出了。俞某沒怎麼想便匯出了這 6,000 元，第四次打去電話，「會計」繼續編造著謊言，說業務員送錢的車子已過來了，要求俞某再匯 5,000 元車子的保證金，這時俞某才察覺到自己掉進

了詐騙的圈套。本想借 5 萬元以解燃眉之急，不料卻被對方五花八門的藉口騙去 9,500 元。

不管在資金緊張時，還是比較寬裕的時候，都要小心借貸陷阱，否則，吃虧的肯定是你。

交易時，現金和貨物同時交付

賒欠要識人，切勿濫出，濫出則血本虧。

一些公司的老闆在與別人做生意往往容易發生商業糾紛，有時甚至會鬧上法院。這是為什麼呢？究其原因，大多是因為交易雙方沒有辦理應有的手續，比如沒有簽合約，只是口頭交易。或者是，即使簽了合約，但其中有一方不履行合約協議，企圖耍賴。老闆要想避免這種情況的出現，就要想個好辦法。事實證明，最好的辦法是：一手交錢一手交貨，或者是一手交貨一手交錢。理由是，你交錢來我交貨給你（或者是你交貨來我交錢給你），天公地道。雙方現場交易，誰也不怕誰耍賴。例如：我有一批貨要賣，你想買，我就認錢不認人，你交錢來我才把貨給你，這就叫做「一手交錢一手交貨」。又如，我想買一批貨，但是，沒有見到貨我是不給你錢的，我認貨不認人，這就叫做「一手交貨一手交錢」。事實證明，這種辦法最好最保險。

然而，不少人卻常常犯輕信他人的錯誤。對那些花言巧語的人，不講信用的人過於相信，結果把自己害苦了。這樣的例子在商場上不勝枚舉，這說明了社會上那些詐騙以及耍賴的公司和個人都是大有人在，老闆不可掉以輕心。

「害人之心不可有，防人之心不可無」，為了避免損失，老闆在交易時，要盡量做到一手交錢，一手交貨。如果實在做不到這一點，那就需要與對方簽訂具有法律效力的文件。

■ 警惕「空殼公司」

許多中小公司從入行開始就想使用奇門怪招打天下，這多半是一些邪門歪道，如設置合約陷阱，套用篡改產品批文，假冒廣告批文，一女多嫁，許諾巨額廣告，待款到後溜之大吉……不一而足。雖然這其中不乏得逞者，但隨著行業的不斷規範，廠商不斷走向成熟，這些伎倆已經越來越難得逞了。

沒有固定資產、沒有固定經營地點及固定人員，只提著皮包，從事社會經濟活動的人或集體，多掛有公司的名義，這類公司被稱為「空殼公司」。

「空殼公司」是不良公司做生意的方式，這些「空殼公司」適應了當時短缺經濟條件下人們急於獲得貨源的心理，將二手、三手資訊再「倒」出去而從中獲利，因為這些公司對於交易的雙方只是起一個「牽線搭橋」的作用，並不承擔任何責任，因此「空殼公司」最怕兩端的客戶在交易前見面；又因為這些公司大多有特殊背景，因此被形象的稱為「空殼公司」。

比如說，要你去面試，然後收取你的面試費用（假設 500 元）。

找工作的人剛開始沒有經驗就很容易上當。

一個人 500 元，一百個人就是 5 萬元。

而且，他們一般都是幾天換一個地方，想找他們也找不到。

空殼公司一無資本，二無實物，專門東拉西扯，從中獲利。與「空殼公司」來往時，千萬要小心。這是因為，做生意一是買，二是賣，兩頭都要落實。而「空殼公司」既沒錢，也沒貨，拿著一條所謂「資訊」滿天飛，一張「合約」七轉八轉，油腔滑調，子虛烏有，害人不淺！「空殼公司」總是吹噓他們什麼貨都有，可是，當你跟他們簽了合約以後，等來等去也等不到一點貨，當你有貨給他時，卻連半個真正的買主也找不到。

有些空殼公司的頭銜很大，什麼「××開發總公司」、「××貿易總公司」……對於這樣的公司，要特別提高警覺，有不少是買空賣空的，自己根本沒有資金，也根本沒有貨物的。這些「空殼公司」，專做轉手買賣合約，甚至是哄騙別人把巨額購物款匯到他的帳戶內，然後挪做他用（他們叫做「借雞生蛋」）。這些空殼公司不用擔風險，卻害苦了真正的生意人！

空殼公司是「詐騙公司」的代名詞，老闆行走商場，不可不防。

切勿輕信口頭承諾

不要輕信對方的口頭擔保，要親自了解對方的資訊情況，堅守時機不到或沒有把握絕不輕易行動的經商之道。

生意人嘴邊上常常有這麼一句口頭禪，叫做「空口無憑」。老闆置身於現代商場，而商場如戰場，其間充滿著欺詐、詭祕。交易時，任何經營者都不能掉以輕心，盲目輕信的人永遠不會成功，而且往往是別人吞吃的主要目標。按照商場慣例，即使對方是自己的親戚朋友和多年的交易夥伴，在進行大筆的買賣時，都應辦理簽訂合約的手續，以避免一些不必要的或無法預見到的麻煩。如果老闆認為對方講信譽，雙方口頭約

第三種能力：商業騙局防不勝防

定即可，那麼，就很可能會受騙，尤其是與初次進行交易的合作者口頭協議受騙或吃虧的可能性更大。倘若對方是詐騙，你肯定會成為他們的獵物。即使對方誠信且開始無心坑騙你，但當他發現協議對他不利或者有別的更好的生意可做時，他便可以輕而易舉的否認你們之間的約定，把你這個夥伴拋棄或者反咬一口，在這方面栽了跟頭的例子不勝枚舉。

人們常常戲謔的稱不守信用的口頭協定為「君子協定－橡皮合約」，真是說撕就撕。

某建築隊與當地一家水磨石場簽訂了一份購買一批水磨石的合約，合約中沒有涉及關於品質要求的條款。待建築隊去取貨時，認為水磨石品質與訂合約時所提供的樣品不一致，很不滿意。於是，雙方經協議，口頭上確定每坪價格降低××元，建築隊將預訂的水磨石如數取回。待結帳時，水磨石場要求按合約上規定的價格算帳，不承認原來兩家的口頭協定，建築隊有口無憑，只好自認倒楣，按合約價格付了款，白白損失了數萬元。

其實，老闆在經營活動中，只做口頭合約，「君子協定」本身就是不合法行為。經營者參與生產、流通、分配與消費等整個活動之間靠的是與客體間的契約連結在一起，而這種契約本身又需要完備的法律規範和保障。不合法的行為，當然就很難受法律的保護了。

也許有些老闆會這樣認為，東方人有著講究信用的傳統，民間就有「一諾千金」、「大丈夫一言既出，駟馬難追」之類的格言警句，古人做生意時，也有憑口頭上的「君子協定」的情況。現實生活中，也有許多經營者就是自覺不自覺的憑口頭合約做成了生意，輪到我怎麼就不行了呢？事實上，隨著社會的進步和經濟的發展，這種靠「君子協定」做經營、做買賣的做法，已越來越暴露出其相當大的局限性和危險性。有些經營

者，僅憑買主一張白條，便將價值十多萬元的商品發出，結果被詐騙鑽了漏洞。有些經營者因為是熟人關係，在未立任何字據的情況下，就達成數十萬元的「君子協定」，結果僅僅是「口頭協定」而最終違約，官司打到法院也沒有用。由此可見，從「君子協定」出發，什麼事情都憑一拍胸脯、講哥們義氣，就認為「萬事大吉」，或者輕信親友的口頭擔保，終究是要吃虧的。

隨著人們的經濟關係日趨複雜，多元化的、複雜的現代經濟關係，不能也不應依賴個人的品德和賭咒發誓來維繫，而應靠法律來保證。靠法律保證，老闆不能糊里糊塗的「口頭合約」、做「君子協定」，這種不受法律保護的行為遲早會讓你吃大虧。

商業詐騙的常見特徵與伎倆

那些說什麼跟你簽幾百萬甚至幾千萬訂單的人，沒付定金，先要回扣，十有八九懷有不良用心，如果被他們許下的暴利蒙住了眼睛，則免不了掉進陷阱，賠了夫人又折兵。

公司老闆在經營活動中，為了防止上當受騙，就要多提防，有防人之心。詐騙分子都相當狡猾，但一般來說，詐騙分子也有一些基本的特徵，主要表現在以下幾點：

1 善於耍小聰明

詐騙分子通常智商較高，思維比較靈活，善於運用自己的「聰明才智」，採取各種狡猾的手段，巧妙的設置一些騙局，使老闆上當受騙。

2　善於運用言談的藝術技巧

詐騙犯都有能言善辯的本事，他們能編造難以識破的謊言，運用言談的藝術技巧取得成功。當老闆不注意防備他們時，詐騙犯用語言的技巧能激起他們的各種欲望；當老闆猶豫不決時，他們又會用另一種語言進行規勸誘導，使人深信不疑，信任他們，跟著他們設計的圈套走；當老闆的欲望產生後，他們又能用言談使他欲罷不能，欲走不忍。詐騙犯善於用語言的藝術技巧為老闆描繪出種種激動人心的美好前景，表現出自己的「高尚」、「友情」和「好心」。

3　善於顯示自己見識淵博

因為詐騙分子思維靈活能言善辯，所以在各種場合中他們往往要顯示自己「見識淵博」，上至天文地理，下到民情風俗，政治風雲，文人騷客，名人軼事，名菜佳餚，都能吹得天花亂墜，使人覺得他們見多識廣，從而在心理上不知不覺的對詐騙犯產生佩服感和信任感，消除了戒備心理。

4　善於利用詐騙對象的心理

詐騙分子往往善於察言觀色，揣摩被騙人的心理，並利用被騙人的心理活動，如對方想說什麼，他們就說什麼；對方討厭什麼，他們就責罵什麼；對方喜歡什麼，他們就做什麼……發現受騙者的心理活動，然後從各個方面投其所好，避其所惡，他們使受騙者產生一種心理溝通的錯覺，因而對詐騙活動完全失去警惕性。

5　善於物色詐騙對象

各種詐騙分子之所以往往詐騙得逞，就在於詐騙分子善於選擇自己行騙的目標。所以，是否善於物色各自的詐騙對象，就成為詐騙活動能否成功的關鍵。而詐騙分子往往都有自己一套詐騙對方的經驗和本事。詐騙活動的事實表明，那些貪圖利益、貪圖享樂、急於發橫財等類型的人，常常是詐騙分子熱衷獵取對象。

6　善於掌握行騙時機

在人們追求流行的時候，進行詐騙活動，如利用「日貨熱」、「韓流熱」，進行詐騙活動。因為在這個時候，人們會不顧一切的利用時機，害怕延誤時機，因而很少花精力去辨別真偽，所以，詐騙分子在這個時候行騙就很容易得手。

老闆在做商業投資時，應該尋找最有利的途徑，這是理所當然的事。如果是超出自己的常識，就可能是風險投資，絕對要避免。那麼，商業詐騙常用的伎倆有哪些呢？

(1) 聽起來很容易的賺錢法，背後通常都潛伏著危險。所以，不能貪小便宜。用好聽的話來騙錢的詐騙越來越多，如果被貪婪蒙蔽了雙眼，就會成為詐騙嘴裡的一塊肥肉。

(2) 「我萬萬想不到那個人竟是詐騙」，這是受騙的人常說的話。其實，只要仔細想想就知道，不會有人在自己臉上寫明「我是詐騙」。

(3) 看起來忠厚老實的人，一旦動了歪念頭，想騙取財物時，更容易取得別人的信任。而容易被這種人騙的，通常是貪小便宜的人。雖然我們很同情這些人，不過，我們要說他們是咎由自取。

(4) 詐騙犯常說的一句話是：「我介紹給你一種賺錢的買賣⋯⋯」試問，如果你確信絕對能賺錢的話，自己賺都來不及，還會好心讓別人分享？這麼簡單的道理，竟然有人想不透，真是奇怪！

老闆掌握了商場詐騙的一些基本特徵，在經營活動中，就可以多加提防，遇事多長個心眼總不會錯。

分析助你識破騙局

百分之百的相信一個政治家的話必受其害，百分之百相信一個商人的話必損其利。

商業詐騙大都喜歡偽裝，因而老闆在經營活動中要多加分析、多加辨識。

一般來說，商場詐騙大多喜歡偽裝成以下身分：

◆ 偽裝成對社會有一定威懾力量的職業者或其親屬等

如法官、檢察官、警察等或與其關係密切的人行騙。這些身分的人往往具有一定的權力，可以左右或控制一些市場行為，偽裝成他們的身分行騙具有權威性。

◆ 仿裝成專家行騙

冒充專家行騙是常有的事，詐騙利用公司對科技人才的需求以及人才市場管理上的一些薄弱環節招搖撞騙。受騙者大多是急需人才的公司。

公司掌握了詐騙分子喜歡偽裝的身分之後，就要注意辨識和自己打

交道的人的真實身分，其實要辨識真偽是很簡單的，關鍵是要調整好自己的心態，比如不畏官，當然這要求自己首先做一個合法的經營者。

此外，騙局雖然是各種詐騙利用其智力而進行的一種活動，有各種偽裝作掩護，有難以辨識的一面，但是，只要多多分析一下，總能從詐騙遺漏出的蛛絲馬跡中辨識出本來面目。

事實上，很多陷阱都是一些違反常識的陷阱，稍加分析就能識破。比如：有些詐騙分子吹噓有一項投資，可以不費吹灰之力就能獲得投資的250%的利潤。有頭腦的人一聽就知道是詐騙，因為這樣好的一筆生意，銀行怎麼不借給他錢呢？見利放債這是銀行的常識。事實是，根本沒有這樣的好事，不費力氣就能得賺到錢這樣的「好事」是沒有的。可是有些人聽了卻信以為真，結果上當受騙。

一般來說，公司在經營活動中，分析對方是否是詐騙時，可以多問幾個為什麼？比如：

(1) 這麼好的事，為何他自己不做呢？
(2) 他為什麼要幫助我呢？他真的是濫好人嗎？
(3) 有這種不勞而獲的事嗎？
(4) 這麼好的事，為何就我們一家公司碰到？我們真的比別人幸運嗎？

總之，公司老闆只要調整好自己的心態，並掌握好商場詐騙喜歡偽裝的人物後，就不難識破他的本來面目。遇事時多動腦筋，多分析，多問幾個為什麼，就能夠發現詐騙的蛛絲馬跡。

這些跡象顯示你可能遇到詐騙

經商做生意一定要謹慎，因為，你一不小心就可能跌入別人布置好的陷阱。

下面的行為證明你的合作方並不十分可靠，必須加以警惕。

(1) 不願意將口頭上所說的話以書面形式確定下來。
(2) 不守諾言，無論是多麼無關緊要的小事也是如此，然後就否認曾許下過該諾言。
(3) 一開始與你聯絡的人不見了，而代替他的另一個人卻聲稱對第一個人的承諾或告訴你的事一無所知。
(4) 強迫你立即做出決定，否則，所說的機會將不再來。
(5) 請求你參與一項不道德的或違法的交易，該交易對第三者來說代價昂貴（開假發票、收回扣、摻雜水分的保險索賠等）。
(6) 在與一家公司進行的交易中，收款人應為該公司，但他要求你把支票開給個人。
(7) 報價非常低，以至於「太好的事往往都不是真的」。
(8) 採用的公司名稱看起來或聽起來與同行業中另一家生意較好、名氣更大的公司的名稱很相似。
(9) 想與你做生意，但對他以前的雇主或同行中現在的競爭對手大放厥詞。
(10) 使用信箱號，使你不可能找到公司的地址。
(11) 許諾改正一項錯誤或缺點，卻錯過雙方約定的最後期限。
(12) 只能透過某個號碼找到他，這樣雙方通話則由你來付費。

不費吹灰之力而得到利益是許多人夢寐以求的好事，但太好的事往往都不是真的。面對這種商業合作，老闆一定要注意防範商業欺詐。

用法律打擊商業詐騙

在上當受騙後,公司如果不善於運用法律就會使自己在經營活動中受到很大損失而無法追回。

老闆作為公司的經營主體,其經營活動有合法的經營和不合法的經營之分。公司遇到不合法的經營使自己上當受騙時,就可能造成損失,這時要挽回損失,可以透過法律手段解決問題。

某糖果公司,近幾年由於市場不景氣,食糖銷售困難,造成大生產品積壓。食糖銷不出去,員工薪資、福利發不出,公司陷入困境……公司上下均為產品沒銷路而煩惱。

一天上午,正愁眉不展的公司業務科長,突然被一陣急促的電話鈴聲驚醒,他迅速抓起話筒,原來是空軍物資供應處的,想要訂購一大批軍需白糖。得知此消息,公司興奮不已,當機立斷派人送貨。

公司員工冒著嚴寒,將一頓頓白糖裝上火車,源源不斷的發給所謂的空軍物資供應處。

按照合約規定,物資供應處收到物資後就要付款。然而物資供應處收到貨後卻不再與糖果公司聯絡了。糖果公司經理立即覺得有詐,馬上向相關部門檢舉。

結果查明,幾個詐騙冒用所謂空軍物資供應處,騙得糖果公司的白糖。最後,糖果公司向警察機關報案,最終順利抓獲了詐騙。

法律是公司得以生存和發展的保障,老闆要學會運用法律武器來保護自己,懂得打官司,把法律作為自己生產、經營、管理的「護身符」。現在的老闆應該知道,應該懂得,遭遇到不法侵害時運用法律武器,可以制伏強敵,挽回損失。

應對商業詐騙的五大禁忌

如果不能正確對待商業詐騙，那麼所造成的損失只會更大。

- 一戒：以黑吃黑。公司不幸遭遇詐騙時，要運用法律武器透過正常途徑解決問題，以黑吃黑會導致自己違法犯罪。
- 二戒：忍氣吞聲。公司無論遭遇多麼強大的詐騙，都要奮起反抗，不能忍氣吞聲。忍氣吞聲只會導致詐騙得寸進尺。
- 三戒：自信過度。詐騙都是狡猾的，公司面對他們時要小心謹慎。
- 四戒：死要面子。體面當然要顧到，但是，顧慮過度就等於作繭自縛，可能招來自勒脖子的結果。
- 五戒：盲目輕信。公司如果明明知道對方是詐騙，仍然相信詐騙的花言巧語，只會被騙得更多。

老闆在遇到商業詐騙時應該掌握正確的應對方法，這不僅是為自己的公司和員工負責，也是為了整個商業環境的優化。

第四種能力：細節決定效益

細節影響公司的成敗

我們的成功表明，我們的競爭者的管理層對下層的介入未能堅持下去，他們缺乏對細節的深層關注。

很多公司都在對細節的管理上下足了工夫。

戴爾電腦公司的 CMM（軟體能力成熟度模型）軟體開發分為 18 個過程，52 個目標和 300 多個關鍵實踐，詳細描述第一步做什麼，第二步做什麼。

麥當勞對原料的標準要求極高，麵包不圓和切口不平都不用，奶漿溫度要在 4 度以下，高一度就退貨，一片小小的牛肉餅要經過 40 多項品質控制檢查。任何原料都有保存期，生菜從冷藏庫拿到配料臺上只有兩小時的保鮮期，過時就扔掉。生產過程採用電腦操作和標準操作。製作好的成品和時間牌一起放到成品保溫槽中，炸薯條超過 7 分鐘，漢堡超過 19 分鐘就要毫不吝惜的扔掉。麥當勞的作業手冊，有 560 頁，其中對如何烤一個牛肉餅就寫了 20 多頁。一個牛肉餅烤出 20 分鐘內沒有賣出就扔掉。

當然也有一些公司因為對細節的疏忽造成了許多不必要的損失，某家乳品公司行銷副總談起他們在某市的推廣活動時說：「我們的推廣非常注重實效，不說別的，每天在全市穿行的一百輛嶄新的鮮奶外送車，醒目的品牌標誌和統一的車型顏色，本身就是流動的廣告，而且我要求，即使沒有送奶任務也要在街上開著轉。多好的宣傳方式，別的廠商根本沒重視這一點。」然而，這個都市裡原來很多喝這個牌子牛奶的人，後來卻堅決不喝了，原因正是鮮奶外送車惹的禍。原來，這些鮮奶外送車用了一段時間後，由於忽略了維護清洗，車身黏滿了髒汙，甚至有些車

子已經明顯破損，但照樣每天在大街上招搖過市。人們每天受到這種不良的視覺刺激，喝這種鮮奶還能有美味的感覺嗎？

創造這種推廣方式的廠商沒想到：「成也鮮奶外送車，敗也鮮奶外送車。」對鮮奶外送車衛生這個細節問題的忽視，導致了創意極佳的推廣方式的失敗。

麥當勞的創始人克洛克強調細節的重要性：「如果你想經營出色，就必須使每一項最基本的工作都盡善盡美。」

在日本，河豚加工程序是十分嚴格的，一名上任的河豚廚師至少要接受兩年的嚴格培訓，考試合格以後才能領取執照，開張營業。在實際操作中，每條河豚的加工去毒需要經過30道工序，一個熟練廚師也要花20分鐘才能完成。

加工河豚為什麼需要30道工序而不是29道？這30道工序絕不是憑白無故的杜撰出來的，一定是經過精細的科學實驗測試出來的（即便沒有什麼科學根據，就是從行銷的意義上講，這種宣傳也會增加可信度），人家沒有因吃河豚而中毒就是證明。可能經過20道工序的處理也不一定會死人，但粗糙的工序只能帶來粗糙的感覺。從這一點來說，凡是精細的管理，一定是標準化的管理，一定要經過嚴格的程序化的管理。

可見，如果你想經營出色，就必須使每一項最基本的工作都盡善盡美。

每一條跑道上都擠滿了參賽選手，每一個行業都擠滿了競爭對手。如果你任何一個細節做得不好，都有可能把顧客推到競爭對手的懷抱中。可見，任何對細節的忽視，都會影響公司的效益。

偉大源於平凡

把每一件簡單的事做好就是不簡單；把每一件平凡的事做好就是不平凡。

偉大始於平凡，一個人手頭的小工作其實是大事業的開始，能否意識到這一點意味著你能否做成一項大事業，能否取得成功。

從前在美國標準石油公司裡，有一位小職員叫阿奇博。他在遠行住旅館的時候，總是在自己簽名的下方，寫上「每桶4美元的標準石油」字樣，在書信及收據上也不例外，簽了名，就一定寫上那幾個字。他因此被同事叫做「每桶4美元」，而他的真名反倒沒有人叫了。

公司董事長洛克斐勒知道這件事後說：「竟有職員如此努力宣揚公司的聲譽，我要見見他。」於是邀請阿奇博共進晚餐。

後來，洛克斐勒卸任，阿奇博成了第二任董事長。

這是一件誰都可以做到的事，可是只有阿奇博一個人去做了，而且堅定不移，樂此不疲。嘲笑他的人中，肯定有不少人才華、能力在他之上，可是最後，只有他成了董事長。

雅克・拉菲特年輕的時候，到一家很有名的銀行去求職。他找到董事長，請求能被僱傭，然而沒說幾句話就被拒絕了。當他沮喪的走出董事長辦公室寬敞的大門時，發現大門前的地面上有一個圖釘。他彎腰把圖釘撿了起來，以免圖釘傷害別人。

第二天，雅克出乎意料之外地接到銀行錄取他的通知書。原來，就在他彎腰拾圖釘的時候，被董事長看到了。董事長見微知著，認為如此精細小心、不因善小而不為的人，非常適合在銀行工作，於是改變主意錄取了他。

果然不出所料，雅克在銀行裡樣樣工作做得非常出色。後來，雅克成為法國的銀行大王。

阿奇博與雅克都是因小事而引起了大老闆的青睞，況且那些小事似乎又都是微不足道、人人能做的小事。這就使他們從小職員發展成大老闆的經歷，帶上了更加濃重的偶然性色彩。不錯，在很多方面勝過他們的人一定很多，但其中像他們那樣不拒絕平凡而高尚的小事、多少年如一日的人能有幾個？像他們那樣將愛業、敬業、勤業的熱忱化作一種有影響的公司精神的人能有幾個？看來，在他們偶然成功的背後，還是存在某種必然。那種支配著偶然的必然，很可能是他們高出眾人的整體素養。從根本上說，成功總是偶然性與必然性的結合。

一個人的成功，有時純屬偶然。可是，誰又敢說，那不是一種必然？有許多不起眼的小事情，誰都知道該怎樣做，問題在於誰能堅持做下去。

讓產品脫穎而出的細節設計

小事成就大事，細節成就完美。

細節制敗或制勝的例子可謂是舉不勝舉。

日本SONY與JVC在進行錄影帶標準大戰時，雙方技術不相上下，SONY推出的錄影機還要早些；兩者差別僅僅是JVC的VHS可以錄製兩小時，SONY的Betamax只能錄製一小時，其影響是看一部電影經常需要換一次錄影帶。僅此小小的不便就導致Betamax全部被淘汰。

與SONY相反，國際名牌POLO皮包憑著「一英寸之間一定縫滿八

第四種能力：細節決定效益

針」的細緻規格，二十多年立於不敗之地。

德國西門子 2118 型手機靠著附加一個小小的 F4 彩殼，就使自己也像 F4 一樣成了萬人迷。

微軟公司投入幾十億美元來改進開發每一個新版本，就是要確保多方面細節上的優勢，不給競爭者以可乘之機。只要能保證產品在一比一的競爭中能夠獲勝，那麼整個市場絕對優勢就形成了，因而對於細節的改進是非常合算的。

著名的瑞士 Swatch 手錶的目標就是在手錶的每一個細微處展現自己的精緻、時尚、藝術、個性。此外，隨著季節變化 Swatch 不斷的變化著主題。針盤、時針、分針、錶帶、扣環……無一不是 Swatch 的創意源泉。它力圖在手錶這樣一個狹小的空間裡，每一個意念都得到最完美的闡釋。Swatch 尤其受到年輕人的擁護，其每一款圖片、色彩，在每一個細微處，都隱含年輕與個性的密碼，或許這就是它風靡的原因。

同樣 Motorola 的經典手機 V70 的設計也是在「細節」上取勝的典範。用它的創造者義大利 Motorola 高級手機設計師 Iulius Lucaci 的話來說，V70 就是「不斷創造」的成果，是「想不到的設計」。設計細節一是與眾不同的隨心所欲 360 度旋轉的接聽開蓋方式；接聽開蓋設計靈感來自於東方的摺扇。設計細節二是特大液晶螢幕以深海藍的背景配合白色輸入顯示，多色可置換螢幕外環；靈感指向是藍色背光背景鍵盤，似深海夜鑽。

蘋果是一個追求完美的公司，設計上每一個細節的產生都力求讓人感動。比如：在 2021 年 iMac 的設計中，iMac 所增加的兩種新的顏色，是設計師們耗費十八個月的時間精心創造的。iMac 的底盤裡每一顆螺絲都是一件精緻的工藝品，而不僅僅是個機械的物品。蘋果能在別人都忽

視的地方還保持著對細節的追求。在追求外觀「細節」的同時，它的設計還展現在作業系統等很多實用方面，因為任何設計都不應離開實用這兩個字。比如：以往的電腦都是人去遷就機器，而新一代 iMac 則是一個完全遷就個人喜好和習慣的革命性電腦。可以隨意調整螢幕的高度、距離和角度，給了用戶在電腦前任意選擇坐姿的自由。

你的產品憑什麼在這片汪洋大海中，會被消費者打撈進購物籃裡？憑的就是差異，而產品和產品的差異，在於細節。

在當今激烈競爭的市場中，怎樣才能使公司始終立於不敗之地呢？可以說答案就是：細節決定公司競爭的成敗。這主要也是由兩個原因造成：其一，對於策略面、大方向，角逐者們大都已經非常清楚，很難在這些因素上贏得明顯優勢；其二，現在很多商業領域已經進入微利時代，大量財力、人力的投入。往往只為了贏取幾個百分點的利潤，而某一個細節的忽略卻足以讓有限的利潤化為烏有。

經營成功源於細小處

想做大事的人很多，但願意把小事做細的人很少；我們不缺少雄韜偉略的策略家，缺少的是精益求精的執行者；絕不缺少各類管理規章制度，缺少的是對規章條款不折不扣的執行。我們必須改變心浮氣躁、淺嘗輒止的毛病，提倡注重細節、把小事做細。

世界級大公司的員工一般都具有高度的敬業精神、優良堅實的技術水準、良好的禮貌和服務態度。這些公司都制定了明確的服務標準，一切為顧客設想的服務方式，添置了舒適的服務設施，重視提高員工的服

第四種能力：細節決定效益

務素養，努力為顧客提供細緻入微、超越顧客期望的服務。

如迪士尼樂園注意服務的每個細節：在等候遊玩的地方，種上可以遮蔭的樹木，並在多處安置裝在木箱裡不為人注意的電風扇，為等候的遊客搧涼。隔離隊伍的柵欄也模仿成天然樹枝模樣，空間則飄蕩著悅耳的音樂，使得等候的遊客不會感到寂寞無聊。在入口附近，設立了一個兒童樂園，讓孩子們在等候遊玩的父母時能夠在這裡盡興的玩樂。如果想和米老鼠合照，而又為沒有人為你按快門煩惱的時候，在附近掃地的員工會微笑著站在你面前，問你要不要幫忙。迪士尼為實現「讓每個人都感受到歡樂」的目標，還明確提出了服務標準：安全性、禮儀性、表演性、效率性，這四條要求的順序是絕對不會顛倒的。要求所有員工都要徹底領會，遇到發生難以預料的突發事件時亦按照這個標準採取應對措施。

又如，美國希爾頓酒店發現旅客最害怕的是在旅館住宿會睡不著覺，即人們通常所說的「認床」，於是和全美睡眠基金會達成協議，聯合研究是哪些因素促使一些人一換了睡眠環境，就會難以入眠，然後對症下藥，消除這些因素。從 1995 年 3 月起，美國希爾頓酒店用不同的隔音設備，為顧客配用不同的床墊、枕頭等，歡迎顧客試用。透過一段時間的試驗，摸索出一種基本上適合所有旅客的辦法，從而解決了一些人換床後睡不著的問題。

老闆在經營公司時要多從細節處著手，把顧客至於真正「正常」的位置，給他們一個優良的服務環境，這樣才能達到經營的最好效果。

切勿輕視小錢

觀念加時間才是真正的財富。改變貧窮，必先從改變觀念開始！

有兩個年輕人一起去尋找工作，其中一個是英國人，另一個是猶太人。他們懷著成功的願望，尋找適合自己發展的機會。

有一天，當他們走在街上時，同時看到有一枚硬幣在地上。英國青年看也不看就走了過去，猶太青年卻激動的將它撿了起來。

英國青年對猶太青年的舉動露出鄙夷之色：一枚硬幣也撿，真沒出息！

猶太青年望著遠去的英國青年心中不免有些感慨：讓錢白白的從身邊溜走，真沒出息！

後來，兩個人同時進了一家公司。公司很小，工作很累，薪資也低，英國青年不屑一顧的走了，而猶太青年卻高興的留了下來。

兩年後，兩人又在街上相遇，猶太青年已成了老闆，而英國青年還在尋找工作。

英國青年對此不可理解的說：「你怎麼這麼快就發了財呢？」猶太青年說：「因為我不會像你那樣從一枚硬幣上面走過去，我會珍惜每一分錢，而你連一枚硬幣都不要，怎麼會發財呢？」

英國青年並非不在乎錢，而是他眼睛盯著的是大錢，而不是小錢，所以他的錢總在遙不可及之處，這就是問題的答案。

金錢的累積是從「每一個硬幣」開始的，一個成功致富的人絕不會因為錢小而棄之，他們知道任何一種成功都是從一點一滴累積起來的，沒有這種心態就不可能得到更大的財富。

穩步經營，細水長流

豐田的一貫作風就是穩紮穩打，不熱衷於急速發展。在豐田看來，開展業務就像蓋樓一樣，只有基礎部分建好以後，才會一層一層的向上蓋。

與其苦苦追求縹渺的影子，不如腳踏實地一步一步前行。關於財富的聚斂方法也具有同樣的道理。

新加坡著名華人企業家，「橡膠」、「黃梨」大王阿光前有自己獨特的經營方法。1928年他創建南益樹膠公司時，鑑於許多橡膠商因把資金用來購買橡膠園與菸房而使資金周轉不靈甚至倒閉的教訓，採取與眾不同的方式，沒有把資金用來購買橡膠園與橡膠廠菸房；他的菸房除了一家舊菸房外，大多是租用別人的橡膠廠；橡樹膠則向小園主收購。這種經營方式雖然利潤較低，但流動資金充裕，可以隨時調動。

阿光前採取現金交易的原則，這也是與眾不同的。小園主把橡膠液與橡膠絲賣給南益公司，除可一手拿錢一手交貨外，在急需現款時還可以向公司預借。因此小園主都樂於與他交易，使公司不致缺貨或斷貨，彌補了沒有橡膠園的短處。1929年，世界性經濟危機爆發並波及到新加坡，橡膠價暴跌，擁有大量橡膠園與橡膠廠的橡樹膠商損失慘重，中小橡膠商更是紛紛破產。而阿光前的南益公司即使在橡膠價最低時，也現金充裕，受損失最為輕微。

此後，阿光前在經營方式上更為謹慎，凡是購買橡膠園或擴建橡膠廠的資金，絕不向銀行借貸。銀行給予的貸款，只用作流動資金。由於他信用良好，1958年南益集團曾向新加坡銀行取得4,500萬的抵押貸款，成為當時獲得貸款最多的華人公司。因此，阿光前曾經這樣說過：「凡是在工商業上最成功的人，就是最會利用銀行信用的人。」後來，阿光前

進行多元化投資，其南益集團成為新加坡最大的公司集團之一。

資金充裕靈活，可以自由行事，不易受制於人，任何情況下都能充當主動者。1929 年開始的大危機中，陳嘉庚的公司每況愈下，而阿光前的南益公司卻能安然度過難關，最後稱雄市場。這證明了阿光前經營方法的高超之處。

只有穩紮穩打，打牢根基，保持合適的發展速度，才能使公司立得住、站得穩，才能為以後的發展做好準備。

▌不滿足於眼前小成就

當每天收入到一百萬的時候，我覺得它是誘惑，它可以讓你安逸下來，讓你享受下來，讓你能夠成為一個土皇帝。當時我們只有三十歲左右，急需要一個人在邊上來鞭策。就像唐僧西天取經一樣，到了女兒國，有美女有財富，你是停下來還是繼續去西天？我們希望有人不斷的在邊上督促說：你應該繼續往你取經的地方去，這才是你的理想。

任何人對於自己所想做的事情，在達成之前都會花很多的時間做各種的努力，但是有很多人往往在取得初步成就後，就抱著「守成」的觀念，再也不肯進步了。像這種人就會阻礙自己前進的道路，甚至壓抑其他人的成長。因此，眼前的小小成就只可以讓你小小的高興一下，切不可因此忘記了你的最終目標是什麼，甚至忘記了你自己。不能滿足於小小成就，這是因為：

(1) 如果不滿足目前的小小成績，就會充實自己，提升自己。上班的人不忘繼續學習，做生意的不斷搜集資訊，強化公司實力，這些都是在創造機會、等待機會。

第四種能力：細節決定效益

(2) 小小成就也是一種成就，這也是自己安身立命的資本。但社會的變化太快，長江後浪推前浪，如果你在原地踏步，社會的潮流就會把你拋在後頭，後來之輩也會從後面追趕過去。相比起來，你的「小小成就」在一段時間後根本就不是成就，甚至還有被淘汰的可能。比如在幾十年前，大學生確實稀罕，而現在呢，已經到處都是，大學生找不到工作都不是新聞了。

(3) 一個人不滿足於目前的成就，積極向高峰攀登，就能使自己的潛力得到充分的發揮。比如說，原本只能挑 50 公斤重擔的人，因為不斷的練習，進而突破極限，挑起 60 公斤甚至 75 公斤的重擔。因為一個人只要安於現狀，就失去了上進求變的動力，沒有動力，就無法付諸切實的行動。

如果我們想做成某件事，最佳時機一定是當我們目標明確、熱情勃發、鬥志昂揚的時候。每一個人在情緒飽滿時，做什麼事情都變得輕而易舉。相反，如果一次次的拖延和延緩，就會削弱我們的意志，反而需要用越來越不情願付出的努力或犧牲來達到目的。

人們不可能指望一個放任自己隨波逐流的年輕人有什麼大作為，因為他們往往是安於現狀的。即使他們知道自己體內還有許多潛力可挖，也還是以各種方式白白浪費耗損，面對停滯不前的現狀他們還能不為所動、安之若素。也許他們總會有各式各樣的收穫或成就，但他們永遠只能被眼前的小小成就蒙蔽了眼睛，看不到山外有山，人外有人。這些小成就成了他們可炫耀的資本，卻不知人生還有更多偉大的目標等著去實現。就這樣甘於平淡的生活，他們體內曾潛藏的那點潛能也將因為長久的被棄之不用而逐漸荒廢消亡。只有那些不滿足於現狀，渴望著點點滴滴的進步，時刻希望攀登上更高層次的人生境界，並願意為此挖掘自身

全部潛能的年輕人，才有希望達到成功的巔峰。

很多人都是理想過於平庸，或者說跟他們的能力相比，他們的目標定的過於低調。試想一下，如果每個人都能比較容易達到自己的目標，實現自己的抱負，人們還有前進的動力嗎？你不可能指望一個總是回頭看的人能攀登上頂峰，人們的抱負必須略高於人們的能力。這就要求你不能滿足於眼前的小小成就。

當然不能否認有些人生來就不需要為自己的理想打拚，從小過著錦衣玉食的生活，享受優越的物質生活條件。據傳好萊塢著名影星道格拉斯的兒子，才剛剛一歲多，就開始獨自享受瑞士某著名飯店 300 美元一小時的服務，而道格拉斯目的只是為了讓他的寶貝兒子睡個午覺。但這畢竟是人類中的極少數，可以說 99% 的人都要靠自己的努力來獲取成功。假設我們都出生在豪門，每天都是錦衣玉食、高枕無憂，唯一的目標就是盡情的享受生活，盡情的嬉戲玩樂，並逃避所有的工作和不愉快的經歷，那麼，人類的最終歸宿恐怕只能是退回到茹毛飲血的原始狀態了。

正是因為人類有著那麼多的欲望和追求，渴望著晉升到更高的職位，渴望著生活更加舒適幸福，渴望著接受更加高深的教育，渴望著家庭更加溫馨美好，渴望著使自己變得更加學識淵博，渴望著獲得更多的財富和社會地位，人們的潛力才能得以充分挖掘，能力才能得以全面發展，人們才有可能進化和發展到現在的高級階段。這是一種不懈的追求，人類一代一代相傳的動力。

遠大的理想就像《聖經》中的摩西一樣，帶領著人類走出蠻荒的沙漠而進入充滿希望、生機勃勃的大陸，進入太平盛世。只有那些停止了進步的人才會對現有的成就感到滿足。對於那些永遠追求前面的目標的人來說，他們總覺得自己身上還存在某些不完美的因素，因而總是渴望著

第四種能力：細節決定效益

進一步的改善和提高，他們身上洋溢著旺盛的生命力，從不墨守成規，這使得他們總認為任何東西都有改進的餘地。這些人是不會陶醉在已有的成就裡的，他們想方設法達到更美好、更充實、更理想的境界，正是在這一次次的進步當中，他們完善著自我，也完善著人生。

服務中的細節不可忽視

只有把消費者的事情當作自己的事情，充分尊重消費者，公司才能做大。

老闆要想使自己的產品給客戶或者消費者留下深刻且良好的印象，最重要的就是要注意服務的細節。如果不注意細節，有時會因小小的失誤而造成許多不必要的麻煩。

在日本東京小田急百貨店，一天下午，售貨員彬彬有禮的接待了一位來買電唱機的女顧客。售貨員為她挑了一臺未拆封的「索尼」牌電唱機。事後，售貨員清理商品發現，原來是錯將一個空心電唱機樣品賣給了那位美國女顧客。於是，立即向公司警衛做了報告。警衛四處尋找那位女顧客，但不見蹤影。經理接到報告後，覺得事關顧客利益和公司信譽，非同小可，馬上召集相關人員研究。當時只知道那位女顧客叫基泰絲，是一位美國記者，還有她留下的一張「美國快遞公司」的名片。據此僅有的線索，小田急公司公關部連夜開始了一連串近乎於大海撈針的尋找。先是打電話，向東京各大飯店查詢，毫無結果。後來又打國際長途，向紐約的「美國快遞公司」總部查詢，深夜接到回話，得知基泰絲父母在美國的電話號碼。接著，又給美國打國際長途，找到了基泰絲的父母，進而打聽到她在東京的住址和電話號碼。幾個人忙了一夜，總共打了35通緊急電話。

第二天一早,小田急公司打了道歉電話給基泰絲。幾十分鐘後,小田急公司的副理和提著大皮箱的公關人員,搭著一輛小轎車趕到基泰絲的住處。兩人進了客廳,見到基泰絲就深深鞠躬,表示歉意。除了送來一臺全新的「索尼」電唱機外,又加送著名唱片一張、蛋糕一盒和毛巾一套。接著副理打開記事簿,宣讀了怎樣通宵達旦查詢她的住址及電話號碼,及時彌補這項失誤的全部紀錄。

這時,基泰絲深受感動,她坦率的陳述了買這臺電唱機,是準備作為見面禮,送給住在東京的外婆。回到住所後,她打開電唱機試用時發現,電唱機沒有裝機芯,根本不能用。當時,她火冒三丈,覺得自己上當受騙了,立即寫了一篇題為〈笑臉背後的真面目〉的批評稿,並準備第二天一早就到小田急公司興師問罪。沒想到,小田急公司糾正失誤如同救火,為了一臺電唱機,花費了這麼多的精力。這些做法,使基泰絲深為敬佩,她撕掉了批評稿,重寫了一篇題為〈笑臉背後的真面目〉的特寫稿。

〈笑臉背後的真面目〉稿件見報後,反響強烈,小田急公司因一心為顧客著想而名聲鵲起,門庭若市。後來,這個故事被美國公共關係協會推薦為世界性公共關係的典型案例。

老闆如果發現自己的公司有不合理的現象,哪怕是看上去微不足道的小問題,也要立刻設法剷除,不可姑息。對產品同樣,不要因為是自己做的有了小毛病就諱而不宣,等到讓消費者發覺時,你的經營之路很可能就此堵塞,這絕不是危言聳聽!

■ 市場拓展中的細微之處需重視

差錯發生於細節,成功取決於系統。

在市場競爭日益激烈殘酷的今天,任何細微的東西都可能成為「成

第四種能力：細節決定效益

大事」或者「亂大謀」的決定性因素。家樂福單是在選擇商圈上就可謂細緻入微，它透過五分鐘、十分鐘、十五分鐘的步行距離來測定商圈；用自行車的行駛速度來確定小片、中片和大片；然後對這些區域再進行進一步的細化，某片區域內的人口規模和特徵，包括年齡分布，文化素養，職業分布以及人均可支配收入等等。如此細微的規劃和考察，是家樂福一直保持在零售業第一梯隊的關鍵原因之一。

然而，市場的苛求程度往往超乎我們的想像，汰漬洗衣粉就是一個典型的案例。寶鹼推出汰漬洗衣粉時，市場占有率和銷售額以驚人的速度向上飆升，可是沒多久，這種趨勢逐漸放緩了。寶鹼公司於是進行了大量的市場調查，在一次小組座談會上，有消費者抱怨汰漬洗衣粉的用量大，當追問是什麼原因時，這位消費者說：「你看廣告中在倒洗衣粉時，倒了那麼長時間，所以，說它洗得乾淨，其實是因為它用得多，計算起來更划不來。」於是品牌經理趕緊把廣告找來，掐算了一下展示產品部分中倒洗衣粉的時間，一共3秒鐘，而其他洗衣粉廣告中僅為1.5秒。也就是在廣告上這麼細微的一點疏忽，已經對汰漬洗衣粉的銷售和品牌形象造成了傷害。

服務更需從點滴做起。在香港的旅遊旺季，景點到處擠滿了來自世界各地的遊客。海洋公園內，遊樂設施前面都排起了長龍。一位遊客來到「極速之旅」門口，排隊的人龍已經蜿蜒繞了好幾圈。工作人員告訴她，輪到她大概需要45分鐘，排隊有個專門的涼亭，倒也晒不著太陽，還能吹著海風。這時候，一位服務小姐突然走過來問她：「小姐，您是一個人嗎？」「是啊！」「對不起，剛才我不知道。請跟我來，那邊有個單人隊伍。」她跟著小姐過去，只見涼亭的外側，零星排著十幾個人，這

就是單人隊伍了。小姐跟她說：「您就在這排，馬上就會輪到您了。」

原來，一般來玩的人都是情侶或好朋友結伴而行，「極速之旅」的座位一共十二個，一面三個，總有一些單人的椅子被留出來。這就需要單身遊客去填空，單身遊客是少數，所以不需要排大隊，另闢蹊徑專門用來填空就行了。不到十分鐘，就輪到了這位遊客。靠著「單人隊伍」，這位遊客在短短兩個小時內，在人滿為患的海洋公園裡連逛帶玩了三個地方。我們一直在講「客戶永遠是第一位的」，很多公司也花大力氣上了CRM。但這個「單人隊伍」卻不是IT系統所能帶來的。所謂細節處見真工夫，我們缺乏的是真正的為客戶設身處地著想的素養與理念。

很多人對自己使用的東西都有一種修補心理。我們在生活中做每件事情，都應該有一個大局的眼光，但是有時候我們常常被眼前的蠅頭小利所迷惑。

某家報紙曾經刊登過這樣一個事例：一個老闆投資，機器設備都是從國外進口最好的，生產效率極高。但是有一天突然這個地方發生了洪水，雖然經過奮力搶救使大部分機器脫離了險情，但是還是有一臺設備沒有搶救出來。洪水退了，為了盡快恢復生產，老闆就在當地市場上採購了一臺另一種廠牌的機器來擔負重任。

這臺機器品質還可以，用了一段時間也沒有什麼大的問題，但是不久它就原形畢露，各種小毛病開始顯現出來。今天這個螺絲鬆了，明天那個零件壞了，總得不斷修理，這樣常常影響整個生產任務的順利進行。老闆想重新買一臺進口的新機器，但是進口機器非常貴，再說這臺機器也還能用，所以就這麼一天又一天的耗著。但是那個機器還是不爭氣，總是出毛病，而且損壞的週期越來越短。到年底一算細帳，就因為

第四種能力：細節決定效益

　　這臺機器的這些各種小毛病，產量較上年度有明顯的減少，這些損失加上維修費用等，足可以換一臺進口機器了。老闆這才痛下決心，以低廉的價格把這臺機器處理掉，從國外購置回一臺新機器。

　　老闆一定要記住，1% 的錯誤可能會給你帶來 100% 的失敗，千萬不可忽視細節之處。

第五種能力：消息靈通者勝

■ 資訊是商戰中的制勝關鍵

情報對敵人和我們周圍的世界的了解是制定全部政策的基石。

《孫子兵法》曰：「內間者，因其官人而用人。」認為要取得勝利，就不能忽視內奸的作用。同時還強調：「賞莫厚於間。」主張對間諜要重金收買。事實上，在現代商戰中，透過內奸來準確了解對手，並將其打敗的例子數不勝數。

著名的希臘船王曾垂涎於阿拉伯石油的巨大財富，與阿美石油公司展開了一場「殊死」的搏鬥。在阿拉伯這片沙漠領地的四周，阿美石油公司（Aramco）已捷足先登築起一道嚴密的高牆，取得了開採專用權，任何外人都很難尋到一絲縫隙。阿美石油公司是兩家巨大的美國石油公司「埃索」和「德士古」的子公司，在沙烏地阿拉伯年產石油四千萬噸，其雄厚的財力使任何公司不敢與之匹敵。阿美石油公司對沙烏地阿拉伯石油的開採權，以合約形式明確固定下來，每採一噸石油給王國相當數目的開採費，並由石油公司自己的油輪運往世界各地。

面對這一強大的對手，船王準備迎敵。他熟讀了所有關於石油開採的文件，對阿美石油公司和沙烏地阿拉伯之間的協議更是了如指掌，對每一條款都反覆揣摩過。他巧用「瞞天過海」的伎倆，避開輿論注意，以度假的名義，帶著他的金髮美妻和豪華遊艇暢遊地中海。然後，他將美麗的妻子留在海上，自己祕密訪問阿拉伯，在手抓羊肉的盛宴中，他向沙烏地阿拉伯國王提出，王國與阿美石油公司的協議裡沒有排斥阿拉伯擁有自己的油輪隊來運輸自己的石油，而這是一筆無法數清的財富。

船王提出了美妙動人的建議：用阿拉伯的油輪來運輸阿拉伯的石油，而不是由掛著美國國旗的阿美石油公司來運輸，那樣王國的利潤將會再擴大一倍。終於，船王與沙烏地阿拉伯酋長達成了密約，這就是舉世

震驚的吉達協定。協定規定，雙方共同組建「沙烏地阿拉伯海運有限公司」，公司擁有50萬噸的油輪隊，掛沙烏地阿拉伯國旗，擁有沙烏地阿拉伯油田開採的石油運輸壟斷權。

但萬萬沒有想到的是，一轉眼間，這巨大的成功又毀於一旦，一位希臘船東被阿美石油公司重金收買，船東揭露船王以收買和偽造文件的方法騙取了「吉達協定」。還說他自己曾是船王的中間人，被委託周旋在阿拉伯王公貴族之間，使用了許多詐欺手段，他自己也是受害者之一。

這些指控轟動了整個西方世界，沙烏地阿拉伯國王一下子完全陷入被動的境地，所有的新聞都指向都朝著被「愚弄欺騙」的阿拉伯王宮。沙烏地阿拉伯國王終於抵擋不住來自各方面的責難，在一個早上，把已經簽署的「吉達協定」撕得粉碎，並將它稱為欺騙和狡詐的事件。阿美石油公司的收買策略一舉獲勝，希臘船王的所有努力，數十萬金錢全都付諸東流。

船王沮喪告別阿拉伯之後，才如夢方醒，後悔不該把自己的祕密讓他人知道得過多。

「用間」是商業活動中準確了解競爭對手的不二法寶，對現代商人來說，它的作用也極為明顯，不要以為你做的是小本生意，就不需要重視這一點，事實如果缺乏對商業祕密的保護，缺乏對「商謀」的防備，你的「小本買賣」也隨時會有被人吞併的危險。

■「四快」資訊利用法

現代公司的發展，不是大魚吃小魚，而是快魚吃慢魚。

如果得到加工某種產品很有市場銷路的資訊，就要快速實施，做到四快。

第五種能力：消息靈通者勝

- 一快。快速設計，即有銷路的新產品，按照其規格、材質、品牌進行設計，且設計的時間不能拖得太久，以免耽誤時間，影響快速生產。
- 二快。快速籌資，設計完成後，要盡快籌集資金。凡是做一個經營專案，沒有一定資金的投入，問題就不好解決。而籌集資金，並不是一件容易的事，應該把需要數量、通路，一定要資金齊備，不誤時機。
- 三快。盡快生產，只要生產或經營條件具備了，就要在確保品質的前提下，以最快速度把產品生產出來，把商品調運回來，完成商品上市銷售前的所有流程。
- 四快。銷售要快。當你把產品生產出來、把商品運輸回來之後，一定要趁著行情好的時機，趕快銷掉脫手，將產品變成貨幣。當然，也會發生另一種情況，當你的產品生產出來，商品運輸回來時，市場行情不好。但已分析預測到，等一段行市會漲，行情會好，那就不妨等待時機。這樣利用資訊，就一定會獲得好效果。

圍棋上有句口訣「寧丟數子、不失一先」，因為有了先手，就有了主動權，就能處處以先制人。將這個道理用在經商上，就是寧願付出一定的代價，也要搶在對手前面獲取資訊、占領市場，因為搶先一步就能領先一路。

■ 獲取市場資訊的七大管道

掌握資訊越多或越新的人，就越能支配他人。

商業資訊的取得途徑很多，但是萬變不離其宗，主要的方法不外乎有以下幾種：

1　市場調查

幾乎大部分的名牌公司每年都要對其產品做一次或多次市場調查。應該說，市場調查是最直接，也是最有效的獲取市場資訊的途徑，公司可以委託市場調查機構來完成調查工作，也可以建立自己的市調組織，以便及時、全面、系統的收集市場資訊。

2　在各種媒體上收集

各種媒體包括報刊、廣播、電視三大傳統媒體及網路第四媒體，這裡包含許多公司的廣告、介紹等。在國外，公司常常求助於專業情報公司或加入專業情報網，藉助第三者之手進行情報收集，如美國有專門搜集經濟科技情報的公司，國外情報中心透過電腦連線，構成多種多樣的情報系統，實行情報連線搜尋。

3　重要會議

從公司產品博覽會、訂貨會、記者招待會、有關的學術研討會以及政府部門的相關會議上得到重要資訊在這些會議上，公司的經營狀況、生產技術、產品開發等資訊可窺見一斑，而且可以得到公司新產品實體，對其進行研究以獲得其祕密。

4　對一般的資訊進行多角度分析

創造性想像是人的想像力的一種特殊形式，運用想像力來捕捉資訊，就是要透過想像力的參與，讓思維產生很強的指向性、選擇性、專項性和敏感性，從平凡的事物中發現不平凡的內涵，由此預測市場發展

趨勢，日本「尼西奇」公司之所以能從一個瀕臨破產的生產小公司成為譽滿全球的「幼兒尿布大王」就是因為該公司董事長從一份人口普查資料上看到了日本每年出生 250 萬嬰兒的簡單數據。

5　藉機套取

指利用開會、參觀、學術交流和業務往來不及合法身分，如記者、旅遊、辦事處人員等的有利條件作掩護以搜集對方的經濟情報。主要有利用科技交流活動去套取，利用參觀套取，利用貿易往來套取，用物質名利引誘等方式。

6　套問

對經濟情報的獲取，套問是個較為有效的方法。市場競爭的殘酷激烈，使企業家絞盡腦汁採取種種措施對本公司的祕密嚴加保護，這使得獲取情報的其他手段效果不大如前。而採取套問手段，則令對手防不勝防，在無意和不知不覺間將對方公司的相關祕密弄到手。

7　金錢收買

獨具慧眼的老闆，為獲得一份有價值的經濟、技術情報，往往不惜重金。雖然為此付出了代價，但得到的卻是數十倍的利潤。

毫無疑問，一家公司必須有自己的資訊庫。現代資訊資源十分豐富多樣，正確選擇利用資訊無疑是做好生意的一項基本功。學會選擇利用資訊更是做好生產或從事經營的一個基本，包括自然界、社會界在內的大量資訊資源中，要選擇與自己相關的經濟資訊，其中，更要集中注意力選取市場資訊，因為它與做生意息息相關，用途特別大。

關注五類關鍵消息

　　成功者至少需要兼備兩種特質：一是執著大膽的性格；二是對市場敏銳的嗅覺。

　　在今天的商業市場中，資訊浩如煙海，到底怎樣使用這些資訊，怎樣將資訊進行科學的分類以便在使用時隨手用到，這就要求公司建立有效的資訊結構，一般來說公司所需要的資訊可以分為以下幾類：

1　生產資訊

　　主要反映從原材料到商品的整個過程的資訊，包括採購、生產計畫、品質管理、流程、製品資訊等。

2　會計資訊

　　會計資訊主要為反映公司資金運用狀況和財務狀況的資訊，會計的六大要素：資產、負債、權益、收入、費用和利潤及相互關係，會計資訊是從事分析的基礎，而會計資訊中最重要的部分又是現金流量表的資訊。

3　資源資訊

　　資源資訊即包括了人力資源和物質資源資訊，人才是公司生存發展的重要條件之一，公司經營者需要對公司各種層次的人才結構和分布使用狀況以及稀缺人才有一個清晰的了解，物資資源資訊主要是公司所需原材料、設備、生產用零組件等物質資料的資訊。

4　環境資訊

環境資訊包括兩個方面：第一是政治經濟形勢、社會文化狀況、法律環境等；第二是市場環境資訊，如市場的需求、市場競爭狀況、公司用戶的基本情況和潛在用戶的分布狀況。

5　技術資訊

即包括所謂公司產品技術基礎的資訊，表示本公司產品是基於何種技術條件生產的，其技術和同行比較是否先進，其他公司是否能夠生產該產品，提高公司的技術，科技開發能力和組織情況等，也包括相關科學技術的發展資訊，即展示產品發展方向的資訊，現代科學技術的應用速度大大加快，應用週期的縮短大大刺激了產品科技含量的提高。

一個公司要想在競爭中贏得勝利，關鍵之一是決策者盡快將捕捉到的資訊轉變為生產經營能力，否則會錯過良機，因而讓敏感的競爭對手捷足先登，使自己處於被動的位而失去競爭力。因此，老闆增強自身資訊意識，準確掌握資訊，提高資訊解讀能力是非常必要的。

▌如何利用資訊賺錢

幸運之神的降臨往往只是因為你多看了一眼，多想了一下，多走了一步。

哈默是美國人，早年在俄國經商，一直發達不起來，1931 年他回到美國繼續做生意。

哈默剛回國時，富蘭克林・羅斯福還沒有當上美國總統，但已有走

上總統寶座的趨勢。羅斯福為了競選總統，提出了解決美國經濟危機的「新政」。「新政」雖然博得一些人士的讚賞，但因羅斯福未得勢，大多數美國人對「新政」能否成功持懷疑態度。哈默向來注意時事和社會動態，他從大量的資訊中進行研究分析，認為羅斯福肯定會競選獲勝，「新政」也會隨著他登上總統寶座而實施。

哈默根據上述分析判斷：羅斯福的新政一旦得勢，就一定會廢除美國1920年公布的禁酒令。具有商業眼光的哈默認為禁酒令的解除必然會出現酒類市場興旺，這樣，也必然導致市場需求大量的酒桶。

美國人喜歡的酒主要是啤酒和威士忌，這兩類酒的盛放都需要一種經過處理的白橡木製成的酒桶。由於美國1920年下了禁酒令，白橡木酒桶早就銷聲匿跡了。哈默看準這種情況，加上他在俄國住了多年，知道俄國有豐富的白橡木資源。於是，他果斷做出決定，在紐約市碼頭附近設廠生產酒桶，並立即著手向俄國有關公司訂購了幾船白橡木，開始了酒桶的生產。

不久，他又在紐澤西州的米爾敦建造了一家現代化的酒桶加工廠。當哈默的酒桶從生產線上不斷運送出來時，美國真的開始廢除禁酒令了。這時，被禁止用糧食生產酒已多年的美國酒廠，為了滿足人們對酒的大量需求，紛紛恢復啤酒和威士忌酒的生產，各地酒廠當然需要大量的酒桶了。哈默的酒桶如及時雨一般滿足了酒廠的需求，售價甚為可觀，哈默從此走上了發財之路。

在上例中，哈默並沒有獲得什麼絕密情報，他知道的情況很多人都知道。他之所以能脫穎而出，是因為獨具慧眼，有非同一般的捕捉資訊和分析資訊的能力。在經濟社會，每一條資訊都隱含著商機，但是，只有在商機隱而未發時加以捕捉，才能取得最大的效益。一旦商機完全顯

第五種能力：消息靈通者勝

露出來，競爭者蜂擁而上，這時再來跟風，已經只有殘羹剩汁可喝了。

一般來說，對資訊的利用可以分為以下幾步。

1　收集資訊

有些人一見了報紙、電視上的新聞、廣告之類就頭痛，不肯多看一眼。這大概也是人之常情，如果想靠資訊賺錢，當然不能厭惡資訊。只要有心，透過看報、看電視、聽廣播或日常交談，都能獲得不少有用的資訊；如果養成了記錄的習慣，累積的資訊資源就會越來越多。

2　分析資訊

外界的資訊量太大，不可能全記在腦子裡或本子上，只能選那些比較有用的進行記錄。但是，哪些資訊比較有用呢？這就要進行分析。分析資訊是一門很專業的學問，大部分人沒學過也不大可能為此去進修幾年。這就要靠經驗，只要養成了分析資訊的習慣，分析能力自然上去了，算盤自然越來越精。

3　整理資訊

將各種收集到的資訊進行歸類整理，有助於分析和決策。

4　驗證資訊

先進行無投資檢驗。例如：先根據資訊分析哪些股票將上漲，然後假設自己買某種股票若干，到時候根據實際情況對照，看自己的判斷準不準，盈虧如何。如何發現自己的判斷經常是準確的，大概就可以真正炒股了。

5　風險意識

「無風險不成生意」，一般來說，算到有五成以上成功率就可以嘗試了，有七成以上把握就完全可做了。如果不敢冒一點風險，想等到有十成把握時再去做，即使能賺錢，也極其有限。

有很多商機和資訊其實就在我們身邊，只要你用心去尋找和思考，那就一定能抓住它們。

構建專屬的資訊網

鼓勵各種形式的溝通，提倡資訊共享，倡導簡單而真誠的人際關係，反對黑箱作業。

1973 年，薩伊發生叛亂。這件事與遠在日本東京的三菱公司似乎並無多大關係。但公司的經理們卻認為，與薩伊相鄰的尚比亞是世界重要的銅礦生產基地，對此不能掉以輕心，於是命令情報人員密切注視叛軍動向。不久，叛軍向尚比亞銅礦轉移。接到這一情報後，他們分析交通將中斷，此舉勢必影響世界市場上銅的價格。當時，世界銅市場對此毫無反映，三菱公司趁機買進一大批銅，待價而沽。時隔不久，果然每噸銅價上漲六十多英鎊，三菱公司轉手之間賺了一大筆錢。

日本三菱公司之所以雄踞世界商壇，與其重視情報資訊工作是分不開的。三菱在 128 個國家建有 142 個支機構，雇員多達 3,700 多名。其情報中心每天接收到世界各地發回的電報 4 萬份，電話 6 萬多次，郵件 3 萬多件。每天的電信電報紙可繞地球 11 圈，5 分鐘就可以和世界各地接通聯絡。人們戲稱三菱的耳目無處不在。憑藉這無處不在的資訊網，

第五種能力：消息靈通者勝

使得三菱常常能比別人先走一步，爭得商機。

公司到了一定規模，老闆容易遲鈍，就是因為資訊的傳遞工作不容易做好。有資訊獲取能力，還得有資訊反饋能力。

■ 留意每一則資訊

資訊滿天下，專尋有心人。

日本人重松富生以前曾在東京一家廣告公司任職，有一年他到臺灣旅遊。在那裡，他聽到一位臺灣朋友提到芭樂和它的嫩葉對治療糖尿病和減肥有效。說者無意，聽者有心。興奮的重松一下子逮住了這個資訊。

重松從臺灣回來時將芭樂和它的嫩葉帶回日本，專門請了醫生進行分析和試驗。試驗的結果，證明了臺灣朋友所言的效果。

重松借來 200 萬日元，在東京開設了「糖尿病及減肥食品公司」。公司在臺灣等地大量收購芭樂和它的嫩葉，經過乾燥處理，將其加工成如同茶葉一般，可用開水泡喝，而且味道清香爽口，別有風味。產品剛進軍市場就受到歡迎，人們對這種既能治病又能減肥的產品格外青睞，尤其那些一心想保持苗條身材的婦女競相購買，一下子興起了飲用熱潮。重松由此大發，第一個月銷售為 500 萬日元，以後與日俱增，每月高達 2,000 多萬日元。

與此類似，有香港「假髮業之父」稱號的劉文漢則是靠餐桌上的一句話抓住機遇的。

1958 年，不滿足於經營汽車零組件的小商人劉文漢到美國旅行、考

察商務。有一天,他到克里夫蘭市的一家餐館同兩個美國人共進午餐,美國人一邊吃,一邊嘰哩哇啦談著生意經,其中一個美國人說了一句只有兩個字的話:「假髮。」劉文漢眼睛一亮,脫口問道:「假髮?」美國商人又一次說道:「假髮!」說著,拿出一個長的黑色假髮表示說,他想購買十三種不同顏色的假髮。

像這樣餐桌上的交談,在當時來說,只不過是商場上普通的談話,一句只有兩個字的話,按說也沒有什麼特殊的意義和價值,但是,言者無意聽者有心。劉文漢憑著他那敏捷的頭腦,很快就做出判斷:假髮可以大做一番文章。這頓午餐,竟成了劉文漢發跡的起點。

他經過一番苦心的調查了解發現,一個戴假髮的熱潮,正在美國興起,在劉文漢面前,展現了一個十分廣闊的市場。他一回到香港,就馬不停蹄,開始了調查製造假髮的原料來源的。他發現,從印度和印尼輸入香港的人髮(真髮)製成各種髮型的假髮,成本相當低廉,最貴的每個不超過 100 港幣,而售價卻高達 500 港幣。劉文漢喜出望外,算盤珠一撥,立即做出決定,在香港創辦工廠,製造假髮出售。

但是,製造假髮的專家到哪裡去找?劉文漢又陷入了苦惱和焦慮之中。一天,一位朋友來訪,閒談中提到一個專門為粵劇演員製造假鬚假髮的師傅。劉文漢不辭辛苦的追尋,終於找到了他。可是,這位高手製造一個假髮,需要三個月的時間,這樣怎麼能做生意?怎麼辦?劉文漢的思路沒有就此停住,他在頭腦中飛快的將手工操作與機器操作連繫起來,終於想出了辦法。把這位獨一無二的假髮「專家」請來,再招來一批女工。精通機械之道的劉文漢又改造了幾架機器,他親自指點的教工人操作,由老師傅把關品質,發明與生產同步進行,世界第一個假髮工廠就這樣建成了。

第五種能力：消息靈通者勝

各種顏色的假髮大批量的生產出來，消息不翼而走。數千張訂貨單雪片般飛來，劉文漢兜裡的鈔票也與日俱增，到了1970年，他的假髮外銷額突破十億港幣，並當選為香港假髮製造商會的主席。

劉文漢學會了從別人的話中尋找資訊，從而抓住了機遇，這不是點石成金，而是給他打開了一座機遇的寶庫。所以說，說者可無意，聽者要有心。

我們處在一個資訊爆炸的時代。機遇就是來自這浩如煙海的資訊，有時，一句話、一則消息，一件微不足道的小事，就包含著難得的機遇，關鍵看你如何對待它，能不能及時抓住它。

■ 捕捉市場中的「零次資訊」

零次資訊是資訊的一個部分，是一切資訊產生的源資訊。

所謂「零次資訊」，指的是那些內容尚未經專門機構加工整理，就直接作用於人的感覺的資訊情報。比如：「一句話」、「一點靈感」、「一絲感覺」、「一個點子」等等均可稱為「零次資訊」。

這些「零次資訊」產生於日常生活中，存在於平民百姓間，無需支付任何費用，任何人都可以獲得，任何公司都可以利用。正因為如此，它們總是不被人看重，常常得不到利用。但是，也有一些有眼光的經營者卻依靠利用開發「零次資訊」而獲得了滾滾財源。例如：十幾年前，冰箱都是單門的，日本三洋電機公司生產的冰箱也不例外。有一天，該公司技術人員偶爾聽到用戶的一句無心話：「每天打開冰箱門拿東西，冰箱裡的冷氣大量外泄，很可惜。要是將冰箱的外門製成兩半，拿東西只需開

一半，那就能節省很多冷氣了。」這句話竟產生了三洋公司的暢銷產品「雙門冰箱」。

再比如：有一天，一位日本顧客突發奇想：為什麼不生產錶針「左旋」的手錶呢？這樣不但能滿足一些人標新立異的心理，而且也能使手錶品種更加豐富。這個奇想被報紙刊載，不過它並沒引起更多人的注意。有一天，日本東方鐘錶公司總裁在翻閱舊報紙時，碰巧看到了這一「點子」，他如獲至寶，立即召集人員開發出前所未有的「左旋手錶」，剛上市便大放異彩，格外引人注目。不僅首批幾千塊很快銷售一空，而且世界各地訂購此種手錶的訂單雪片似的向公司飛來。

日本這兩家公司成功的關鍵就在於他們利用了別人不注意的「零次資訊」。可惜的是，我們生活中的許多非常有價格的「零次資訊」卻一直在閒置，得不到開發利用。比如說，幾年前，有人曾在報紙上讀到「異想天開」的資訊：一是讓香菸的過濾嘴倒裝置於菸盒的底部，這樣衛生些；另一則是把雨傘做成屋頂式，雨水就不會打溼前後擺動的褲腿。這兩則「異想天開」的思考很有實用價值。可是幾年過去了，現在仍未見到「屋頂式雨傘」、「過濾嘴倒裝的香菸包裝」。這類金子般的「零次資訊」遭閒置真讓人扼腕嘆息。誠然，投資這類前所未有的「零次資訊」是要擔很大風險的，有可能令投資者虧本破產。但是，我們也應該知道，「無限風光在險峰」，風險大的投資也是利潤最豐厚的投資。

一個「零次資訊」有可能使窮漢變成富翁，一個「零次資訊」可以讓一個公司起死回生乃至興旺發達。的確，「零次資訊」反映的都是人們在生活中碰到的不便或需求，每一個「零次資訊」的背後隱藏的都是一塊很有開發價值的市場處女地。

第五種能力：消息靈通者勝

第六種能力：創新主宰未來

第六種能力：創新主宰未來

創新是公司壯大的捷徑

今後的世界，並不是以武力統治，而是以創新支配。

做生意有沒有捷徑可走？大多數人對此會予以否認，因為走捷徑似乎代表著不切實際，代表著一種投機，而投機是很難長久的。然而不可否認的是，有些商人的確比別人成功得快些和輕鬆些，他們似乎找到了通往成功之路的捷徑，其實這種捷徑便是思人所未思、見人所未見的創新能力。

我們盛讚偉大的科學家、企業家、政治家、藝術家，他們是成功者中的佼佼者。因為他們為人類歷史、對人類的精神物質財富做出了或多或少的創造性貢獻。

本世紀最傑出的經濟學家之一熊彼得認為，企業家領導公司發展成功的原動力就是創新。他同時列舉了企業家應當具備的能力：

- 發現投資機會；
- 獲得所需的資源；
- 展示新事業美麗的遠景，說服有資本的人參與投資；
- 成立這個公司；
- 擔當風險的膽識。

所有有志於讓公司變得強大的老闆，無不經歷這個過程，無不具備這些能力。從這些能力可以看出，創新能力可展現為洞察力、預見力、想像力、判斷力、決斷力甚至行動力等等。

李嘉誠就是一個不斷在創新中求發展的人，《李嘉誠傳》中這樣評價他：

「在香港經濟迅速發展且又變化莫測的四十年中，能夠經得起大風暴，又獨具判斷能力的成功人士，自然首推李嘉誠。很多公司界的傑出人士都稱道，並且十分羨慕李嘉誠料事如神的獨到眼光。他總是能夠運用準確、銳利的洞察力，總能比同時期、同行業的人棋高一著。」

棋高一著的人當然不止李嘉誠一個人，牛仔褲的發明者李維‧史特勞斯也是其中一位。

十九世紀中葉，發現金礦的消息在美國傳遍了，一時間掀起了一股「淘金」的浪潮。

自從舊金山發現了金礦的消息傳出之後，在美國西部便掀起了一股「淘金熱」，世界各地希望一夜致富的人都向這裡湧來。

在川流不息的人群中，夾雜著一位名叫李維‧史特勞斯的德國青年。他是跟隨幾位老鄉一起遠渡重洋到美國發財來的。然而，在淘金工地苦做了一段時間後，李維覺得這條生財之道太難，想另找出路。

隨著越來越多的人群來到淘金工地，這裡自然形成了一個巨大的消費市場。眾所周知，猶太民族向來善於經商，李維‧史特勞斯作為其中的一員也不例外。極具經營眼光的他很快就發現了這一點：他認為自己如果為淘金者提供商品，可能會比直接淘金賺錢更穩當。於是他說做就做，他將自己帶來的路費和伙食費作為資本，開了一家小商店，專賣一些日用品，包括露營用的帳篷和馬車篷的帆布，生意果然不錯。

有位淘金者來到李維的商店買東西，大發感慨的說：「我們整天爬山搬石，這些棉布衣服爛得太快，要是用你的帳篷布做衣服，就會耐用多了！」

說者無心，聽者有意。一句話把李維點醒了，他突發奇想：如果打破常規用帆布做成服裝，說不定真會受到淘金者歡迎的。如果真是這樣，那這千千萬萬的淘金者每人買一套這樣的服裝，生意就會好得不得了。於是，他用自己的帆布帳篷試著製作幾套服裝出售，果然有淘金者

第六種能力：創新主宰未來

願出較高價購買，沒多久就全賣完了，首戰告捷，讓李維信心大增。很快，他從帆布商那裡購入大量的帆布，請服裝廠按他的設計縫製成服裝。這些大批生產的優良帆布服裝還增加了幾個口袋，便於淘金者放些錘子、鉗子等工具和存放金礦石。

由於這種帆布服裝耐磨耐穿，並有各種便於存放工具和礦石的口袋，比棉布工作服實用得多，果然大受歡迎。儘管李維不斷擴大生產也滿足不了需求，幾年下來，就把李維的錢袋子脹得鼓鼓的。

李維不是那種小富即安的人，他乘勝前進，在舊金山開設了專門縫製淘金者穿戴的服裝廠和零售店，並成立了「李維‧史特勞斯公司」。服裝廠成立後，李維召集一批技術人員對礦工的勞動特點進行調查研究，然後，不斷改進褲子的樣式。例如臀部的褲袋，在原來線縫的基礎上，四角各釘上一顆銅釘，使口袋更牢固，因為礦工經常把樣品礦石放進褲袋，用線縫易於裂開；扣子則用銅與鋅合金製成，重要的部位還用皮革鑲邊。後來，又將帆布改用同樣耐磨，但材質柔軟的法國尼姆產的布作原料，使褲子更緊身和柔軟。

經過反覆的革新改進，李維的礦工服不僅礦工愛穿，還受到了美國年輕人的青睞。隨著式樣的基本定型，它也有了一個特定的名字——牛仔褲。李維的牛仔裝生意越做越大，逐步風行世界，年營業額高達數億美元。本來抱著「淘金發財」美夢來舊金山的李維，從一個礦工的感慨中突發奇想，打開了財富之門，從而改變了他的一生。李維的成功在於他的創新思維給他找到了一條通往成功之路的捷徑。

洛克斐勒有句名言：「如果你想成功，你應開闢出新路，而不要沿著過去成功的老路走⋯⋯即使你們把我身上的衣服剝得精光，一塊錢也不剩，然後把我扔在撒哈拉沙漠的中心地帶，但只要有兩個條件——給我一點時間，並且讓一支商隊從我身邊經過，那要不了多久，我就會成為一個新的億萬富翁。」

洛克斐勒的這句話充滿了豪情壯志，讓人不禁動容，這無疑是做生意成功的一個根本素養，即絕地求發展，以創新做手段。天下間就無人能阻擋其鋒芒，具有這種創新精神和素養的人必然無所畏懼。

■ 大力推動公司創新

創新應當是老闆的主要特徵，老闆不是投機商，也不是只知道賺錢、存錢的守財奴，而應該是一個勇於冒險、善於開拓的創造型人才。

公司在發展過程中，只有不斷創新，才能繼續發展。西方公司中流行著一句口號叫做「不創新，即死亡」，言簡意賅的概括了公司在市場競爭中生存和發展的根本途徑。創新包括技術創新、產品創新、策略創新、服務創新、管理創新、公司制度創新和組織創新等。在實踐中，透過創新獲得成功的公司和例子是不勝枚舉。

1　技術創新

技術創新是公司生存和發展的基礎。當今飛速發展的科學技術以及科學技術在生產中的廣泛應用，使技術進步對於公司的生存和發展的意義今非昔比。只有不斷開發，應用新的技術，實現技術創新，才能使公司在市場競爭中領先一步，打敗競爭對手，獲得成功。產品創新

隨著人們生活水準的提高，顧客需求的增多，公司如果長期提供單一重複的產品，必然不能滿足「挑剔」的消費者的需求，這樣的公司，必然得不到持續的發展。因而公司必須根據市場和消費者的需求，實現產品的創新，才能繼續發展。

2　行銷創新

當今的市場競爭越來越激烈，公司如果在行銷上不進行創新，也難有突飛猛進的發展。公司在具有一定規模後必須著力於行銷上的創新。

3　服務創新

服務與產品的品質和價格等一起構成產品的競爭力。市場競爭的加劇以及消費者權利意識的覺醒和發展，服務也日益成為公司在市場競爭中取得勝利的重要條件。公司不但要為消費者提供價廉物美的產品，還要為消費者提供優質、高效的銷售以及售後服務。因為在買方市場上，公司要得到生存和不斷發展，就必須不僅在產品上做到人無我有、人有我優，而且在服務上也同樣如此，同時，消費者的需求是不斷變化的，公司要適應消費者不斷變化的需求。因而，公司在不斷推出新產品的同時，也必須不斷推出新的服務，要不斷做到服務創新。

大力創新是公司鞏固成果乃至反敗為勝的重要途徑之一。

■ 小處創新，大處賺錢

最佳的創新定義是「不限大小，不限部門」。

調查顯示，小發明是許多中小公司走向成功的關鍵，這些小發明源自生活，卻能給公司帶來意想不到的巨大利潤。比如在我們生活中經常用到的三通電源開關，就是有「經營之神」稱號的松下幸之助，受了家庭主婦們偶而一次議論的啟發而發明的。

隨著帶凹板的地板廣泛應用，出現了普通的刷子難以將落入凹格裡的

塵土刷乾淨的問題。日本一家工廠推出了一種新型刷子，能夠很好的解決這一問題。產品一經推出，馬上供不應求。原來，刷子的發明者受到貓、狗的舌頭可以舔盡碟盤中的食物的啟發，想起可以在刷毛下面墊上一層海綿，這樣刷子就可以像狗舌頭一樣，把凹格裡的灰塵「舔乾淨」。

小創新創造大財富的例子有很多，這些小創新確實很普通，普通得使人常常難以注意到它們的存在。以前我們的小傷口了，我們要先上藥，再用紗布求人幫忙包紮，自從有了 OK 繃，我們對小傷口的處理變得容易多了。這就是發明，它給人們帶來了方便，也給公司帶來了豐厚的利潤。

OK 繃的發明者是埃爾‧迪克森，他在生產外科手術繃帶的工廠工作。二十世紀初，他剛剛結婚，他的太太常常在做飯時將手弄傷。迪克森先生總是能夠很快為她包紮好，但他想要是有一種自己就能包紮的繃帶，在太太受傷而無人在家的時候，就不用擔心她自己包紮不了了。

於是，他把紗布和繃帶結合在一起，這就能用一隻手包紮傷口。他拿了一條紗布擺在桌子上，在上面塗上膠，然後把另一條紗布折成紗布墊，放到繃帶的中間。但是有個問題，做這種繃帶要用不會捲起來的膠布帶，而黏膠暴露在空氣中的時間長了表面就會乾。

後來他發現，一種粗硬紗布能很好的解決這個問題，於是 OK 繃便問世了。

OK 繃是迪克森先生出於對妻子的愛而發明的一種小東西，這種小東西卻為公司賺了大錢。

創新並不因其小就賺不了錢，相反正是這些小創新，撐起了許多公司，使他們賺了大錢。那怎樣才能產生這些創新的產品呢？很簡單，觀察生活，多思考，尤其是當你在生活中碰上令人頭痛的「小麻煩」時，不

第六種能力：創新主宰未來

要急著抱怨，而是要考慮解決的辦法。

獅王牙刷公司職員加藤信三就是這樣做的。一天早上，他正刷牙，發覺自己的牙齦又被刷出血了，生氣的把牙刷扔了。但有一天，雖然他還像從前一樣懊惱自己的牙齦又被刷出血，同時他又想到，肯定有很多人像自己這樣，被牙刷刷得牙齦出血，現在的牙刷有這樣的不足，應該進行改進。

在接下來的幾個月裡，他就一直在想這個問題：例如牙刷改用很柔軟的毛，在使用前把牙刷泡在溫水裡，讓它變得柔軟一些，或者多用點牙膏，但他都覺得不夠理想，因為不是很方便。

終於有一天，他突然想起，這個問題會不會與刷毛的形狀有關係呢？他立刻把牙刷放在放大鏡下查看，意外的發現牙刷毛頂端是四角形的，他斷定，刺破牙齦的肯定是刷毛銳利的稜角。於是，加藤想出了一個好辦法：「把牙刷毛的頂端磨成圓形，那樣用起來一定不會再出血了。」

經過試驗，牙刷毛的頂端被磨成圓形的牙刷，因為沒有四角形那麼稜角分明，不容易刺傷牙齦，效果十分理想。於是他就把他的新創意向公司提出來，公司對此非常有興趣，馬上採納了他的新創意。獅王牌牙刷的刷毛頂端被全部改成圓形後，受到消費者的普遍歡迎。每年的銷售量都占日本牙刷銷售量的 30%～40%。

加藤信三的創意源自於生活中的小事，卻為公司創造了巨額利潤，也為他自己的發展創造了機會。他從一個普通的小職員，最後成為董事長。

創新的靈感就源自生活中的小事。只要認真的動動腦，仔細的思考一下，便可以將複雜的問題簡單化以提高生活品質，提高工作效率。

創新經營策略，新招應用

對於創新來說，方法就是新的世界，最重要的不是知識，而是思路。

一個小小的創新，就可以在激烈的競爭中得以勝出，總是因循守舊的圍著一個傳統的模式轉，是很難做到這一點的。因此，創新的意識，不能忽視。

創新其實是一種競爭心態，將這種心態擺在你的行為模式裡，時時有著創新的意識，那麼你就會隨時都有一種尋找創新機會的心理反應，就有了創新的敏銳觀察力，就會隨時發現可以創新的基點。這樣，就不會讓能展現創新的機會從你的眼皮底下溜走。

有了創新思想，在同一個競爭體制下，你就有可能匠心獨運，超前勝出，取得競爭優勢。

在一個酒類博覽會上，很多的知名品牌廠商蜂擁而至，一家名不見經傳的小廠也去想占一席之地。但由於場面之大，遠超出酒廠廠長的預測，小酒廠的產品和參展人員被擠在一個小角落裡，雖然產品是運用傳統工藝精心釀製的佳品，但從包裝外觀和廣告宣傳上，都很難讓經銷商認可。直到博覽會接近尾聲，小酒廠的產品依然無人問津，一無所獲，廠長為此一籌莫展。

這時行銷科的科長突然來了靈感，對廠長說：「讓我來試一下。」只見科長取兩瓶酒裝在一個網袋裡就往大廳中心走去，這一舉動使得廠長莫名其妙。

只見這位科長走到大廳中央人員密集的地方，突然一不小心，將兩瓶酒掉在地上，酒瓶應聲而碎，頓時大廳內酒香四溢。可以想到，到這

個博覽會參展和訂貨的都是些品酒專家,當時很多人就從這飄散的酒香中得出了定論——這肯定是好酒。就憑這酒香,小廠兩年生產的產品,在一個多小時內被訂購一空。由於廠長說暫時不想擴大生產規模,以保證產品品質,使得很多經銷商只能望洋興嘆了。

從此,小廠的品牌,一舉成名,產品供不應求。這位科長的舉動可謂是出其不意的創新推銷方式,要以正常的行為方式去在強手如林中搶占一塊市場,談何容易。可是這位科長的超常規舉動就能把這個無名小廠推上浪峰,這個金子般尊貴的創意成就了小酒廠的輝煌,可見創意和創新的力量。

創新出新路,不創新就有可能走入死胡同。只憑一招鮮便能吃遍天的時代已經一去不復返了,做生意如果能多用一些出其不意的妙招,往往會收到神奇的效果。

創新助力擺脫危機

在創新活動中,只有知識廣博、資訊靈敏、理論功底深厚、實踐經驗豐富的人,才易於在多學科、多專業的結合創新中和跳躍性的創造性思維中求得較大的突破。

「山重水複疑無路,柳暗花明又一村。」在經營公司時,我們可能會陷入一個從未遇過的絕境,這個時候,有的人埋怨懊悔,有的人束手無策,坐以待斃,而只有很少一部分人能挺身而出,運用自己的創新能力於絕境中開拓出一條光明大道來,這些人無疑是能做成大事的人。

1972 年,第二十屆奧運會在德國的慕尼黑舉行,最後欠下了 20 億美元的債務,很久都沒有還清;1976 年,第二十一屆奧運會在加拿大的蒙

特婁舉行,最後虧損了十多億美元之巨,成了當地政府的一個大包袱。直到 2006 年,蒙特婁人才把「奧運特別稅」繳清;1980 年第二十二屆奧運會在蘇聯的莫斯科舉行,蘇聯的確財大氣粗,比上兩屆舉辦都市耗費的資金更多,一共花掉了九十多億美元,造成了空前的虧損。

　　面對這種情況,1984 年的奧運會幾乎到了無人問津的地步,還是美國的洛杉磯看到沒有人敢拿這個燙手山芋,就以唯一申辦城市「獲此殊榮」,企圖透過這種方式來顯示其泱泱大國的實力。可是等拿到了舉辦奧運會的權利之後不久,美國政府就公開宣布對本屆奧運會不給予經濟上的支持,接著洛杉磯市政府也說,不反對舉辦奧運會,但是舉辦奧運會不能花市政府的一塊錢……

　　誰能夠出來挽救這場危機呢?最後是傑出企業家彼得‧尤伯羅斯化解了這場危機,並讓舉辦奧運會成為新的生產力,大幅度拉動了經濟的成長。那麼彼得‧尤伯羅斯是何許人呢?

　　1937 年,彼得‧尤伯羅斯出生在美國伊利諾州埃文斯頓的一個中產家庭。大學畢業後在奧克蘭機場工作,後來又到夏威夷聯合航空公司任職,半年後擔任洛杉磯航空服務公司副老闆。1972 年,他收購了福梅斯特旅遊服務公司,改行經營旅遊服務行業。1974 年,他創辦了第一旅遊服務公司,經過短短四年的努力,他的公司就在全世界擁有了兩百多個辦事處,員工 1,500 多人,一躍成為北美的第三大旅遊公司,每年的收入達 2 億美元。

　　他的這些業績不能說是驚天動地的,但是他非凡的管理才能由此可見一斑。彼得‧尤伯羅斯因此擔起了這副重擔,擔任起了奧運會組委會主席。舉辦奧運會的難處是他始料不及的。一個堂堂的奧運會組委會,居然連一個銀行帳戶都沒有,他只好自己拿出 100 美元,設立了一個銀

第六種能力：創新主宰未來

行帳戶。他拿著別人給他的鑰匙去開組委會辦公室的門，可是手裡的鑰匙居然打不開門上的鎖。原來建商在最後簽約的時候，受到了一些反對舉辦奧運會的人的影響把房子賣給了其他人。事已至此，尤伯羅斯只好臨時租用房子──在一個由廠房改建的建築物裡開始辦公。尤伯羅斯激動人心的「五環樂章」開始了，他下出了驚人的三招妙棋。

◆ 第一招：拍賣電視轉播權

彼得・尤伯羅斯是這樣分析的：全世界有幾十億人，對體育沒有興趣的人恐怕找不到幾個。很多人不惜花掉多年積蓄，不遠萬里去異國他鄉觀看體育比賽，但是更多的人是透過電視來觀看體育比賽的。因此，事實證明，在奧運會期間，電視成了他們不可缺少的「精神糧食」。很顯然，電視收視率的大大提高，廣告公司也因此大發其財。彼得・尤伯羅斯看準了，這就是舉辦奧運會的第一桶金子。他決定拍賣奧運會電視轉播權，這在奧運會的歷史上可是破天荒的。要拍賣就要有一個價格，於是有人就向他提出最高拍賣價格 1.52 億美元。

尤伯羅斯微微一笑：「這個數字太保守了！」

大多數人都認為，1.52 美元已經是天文數字了，那些嗜錢如命的生意人能夠拿出這樣一大筆錢就已經不錯了。大家都用懷疑的眼光看著他，覺得他的胃口也太大了。精明的尤伯羅斯早就看出了這一點，不過只是微微一笑，沒有做過多的解釋。他知道，這一仗關係重大。於是，他決定親自出馬，來到了美國最大的兩家廣播公司進行遊說，一家是美國廣播公司（ABC），一家是全國廣播公司（NBC）。同時。他又企劃了幾家公司參與競爭。一時間報價不斷上升，出乎人們的意料，就這一筆電視轉播權的拍賣就獲得資金 2.8 億美元。真可以說是旗開得勝！

◆ 第二招：拉贊助公司

在奧運會上，不僅是運動員之間的激烈競爭，還是各個大公司之間的競爭，因為很多大公司都企圖透過奧運會宣傳自己的產品。從某種程度上說，這種競爭常常會超出運動場上的競爭。

為了獲得更多的資金，尤伯羅斯想方設法加劇這種競爭，於是奧運會組委會做出了這樣的規定。

本屆奧運會只接受三十家贊助商，每一個行業選擇一家，每家至少贊助 400 萬美元，贊助者可以取得在本屆奧運會上獲得某項產品的專賣權。魚餌放出去之後，各家大公司都紛紛抬高自己的贊助金，希望在奧運會上取得一席之地。在飲料行業中，可口可樂與百事可樂是兩家競爭十分激烈的對頭，兩家的競爭激烈。在 1980 年的冬季奧運會上，百事可樂獲得了贊助權，出盡了風頭，此後百事可樂銷量不斷上升，嘗到了甜頭。可口可樂對此耿耿於懷，一定要奪取洛杉磯奧運會的飲料專賣權。他們採取的戰術是先發制人，一開口就喊出了 1,250 萬美元的贊助標碼。百事可樂根本沒有這個心理準備，眼巴巴的看著對手拿走了奧運會的專賣權。

照片底片行業比較具有戲劇性。在美國，乃至在全世界，柯達公司都認為自己是「老大」，擺出來「大哥」的架子，與組委會討價還價，不願意出 400 萬美元的高價，拖了半年的時間也沒有達成協議。日本的富士公司乘虛而入，拿出了 700 萬美元的贊助費買下了奧運會的底片專賣權。消息傳出之後，柯達公司十分後悔，把廣告部主任給撤了。

不用細細敘述，經過多家公司的激烈競爭，尤伯羅斯獲得了 3.85 億美元的贊助費。他的這一招的確比較狠，1980 年的冬季奧運會的贊助商是 381 家，總共才籌集到了 900 萬美元。

◆第三招:「賣東西」

　　尤伯羅斯的手中拿著奧運會的大旗,在各個環節都「逼」著億萬富翁、千萬富翁、百萬富翁及有錢的人掏腰包。火炬傳遞是奧運會的一個傳統項目,每次奧運會都要把火炬從希臘的奧林匹克村傳遞到主辦國和主辦都市。1984年美國洛杉磯奧運會的傳遞路線是:用飛機把奧運火種從希臘運到美國的紐約,然後再進行地面傳遞,蜿蜒繞行美國的32個州和哥倫比亞特區,沿途要經過41個都市和將近一千個城鎮,全程長達1.5萬公里,最後傳到主辦都市洛杉磯,在開幕式上點燃火炬。尤伯羅斯為首的奧運會組委會規定:凡是參加火炬接力的人,每個人要交3,000美元。很多人都認為,參加奧運會火炬接力傳遞是一件人生難逢的事情,拿3,000美元參加火炬接力——「值」。就是這一項,他就又籌集了3,000萬美元。奧運會組委會規定:凡是願意贊助2.5萬美元的人,可以保證在奧運會期間每天獲得兩人最佳看臺的座位,這就是1984年美國洛杉磯奧運會的「贊助人票」。

　　奧運會組委會規定:每個廠商必須贊助50萬美元才能到奧運會做生意,結果有50家雜貨店或廢品公司也出了50萬美元的贊助費,獲得了在奧運會上做生意的權利。組委會還製作了各種紀念品、紀念幣等,到處高價出售……

　　尤伯羅斯就是憑著手中的指揮棒,使全世界的富翁都為奧運會出錢,他則不斷的把錢掃進奧運會組委會的腰包裡……

　　現在我們來看洛杉磯奧運會的結果:美國政府和洛杉磯市政府沒有掏一分錢,最後盈利2.5億美元,創造了一個世界奇蹟。從此,奧運會的舉辦權成了各個國家爭奪的對象,競爭越來越激烈。尤伯羅斯之所以受命於危難之際而最後創造了奇蹟,關鍵就是他創新的奇思妙想,以創

新思維突破發展的瓶頸，最後在競爭中脫穎而出。

經商做生意難免會遭受挫折與失敗，縱然自己不服輸，想從頭再來，東山再起，無疑需要一定的手段與資本，而創新無疑是最能讓你重新振作的祕密武器。

在模仿中尋找創新

即使日本人現在也不得不超越模仿、進口和採用他人技術的階段，學會由自己來進行真正的技術創新。

在現實生活中，我們發現，平凡的人總是在模仿別人，而出色的人不僅懂得在模仿中跟隨，更懂得在跟隨中創新，在創新中成長。

一個真正有智慧的人知道的模仿，是善於做一種高層次的帶有創新組合的模仿。

日本人好像天生就有模仿成功的觀念，他們總是善於向別人學習。日本的汽車工業雖然起步很晚，但是，模仿成功的觀念使日本人暗中瞄準了美國汽車工業的管理和技術，到 1980 年代初，只用了二十年的時間就使日本汽車的產銷量達到了 1,100 萬輛，而美國當時才 700 萬輛。模仿成功使日本汽車工業後來居上並持久保持競爭的優勢，走在世界汽車工業的前列。

但是，千萬要注意的是，模仿不是目的，目的是為了培養興趣和創新精神，激發創造靈感，發揮個人的獨特性。

為了創新，李嘉誠曾親赴義大利，打工偷師學藝。但他的成功之處更在於不拘泥於別人的新，而是從模仿中找到適合需要的「新」。

第六種能力：創新主宰未來

初創業的李嘉誠開始生產塑膠玩具，儘管生意狀況很不錯，但由於競爭者日漸增多，他已隱隱感到了某種危機。他決定尋找一個新的突破口。一天深夜，他從雜誌上看到了一則義大利生產塑膠花的消息，心中一動，決定前往義大利取經。他進入一家塑膠公司打工，藉機偷師學藝。

從義大利學藝歸來，回到長江塑膠廠，李嘉誠不動聲色的把幾個部門的負責人和技術骨幹們召集到了他的辦公室，把帶來的塑膠花樣品──展示給大家看。眾人看了這些千姿百態、形象逼真的塑膠花，無不拍案叫絕。

隨後，李嘉誠滿懷信心的向大家宣布，長江廠今後將以塑膠花為主攻方向，一定要使其成為本廠的拳頭產品，使長江廠更上一層樓。

選定設計人員之後，李嘉誠便把樣品交給他們研究，要求他們盡快開發出塑膠花新產品。他強調新產品應著眼於三點：一是配方調色；二是成型組合；三是款式品種。

塑膠花說白了就是植物花的複製品，不同國家、不同地區，甚至每個家庭、每個人喜愛的花卉品種都不盡相同。李嘉誠發現他帶回來的樣品，無論從品種還是花色方面看都太義大利化了，不適合香港人的口味。

因此，李嘉誠要求設計者順應香港和國際大眾消費者的口味和喜好，設計出一套全新的款式來，不必拘泥於植物花卉的原有形狀和模式。

設計師們經過精心研發，終於做出了不同色澤款式的「蠟樣」。李嘉誠對設計師的作品很滿意，但他依然不敢確信是否適合香港大眾的口味，於是他便帶著蠟花走訪了不同消費層次的家庭，最後決定以其中的一批蠟花作為主打產品。此時，技術人員經過反覆試驗，已把配方調色確定到最佳水準。又經過連續一個多月的晝夜奮戰，終於研發出了第一批樣品。

李嘉誠攜帶自產的塑膠花樣品，像最初做推銷員那樣，一一走訪經銷商。當李嘉誠把樣品展示給他們時，這些經銷商被眼前這些小巧玲瓏、維妙維肖的塑膠花弄得瞠目結舌、眼花撩亂。有些經銷商是長江廠的老客戶，正因為太了解長江廠了，他們才更加不敢相信自己的眼睛心說，就憑長江廠那破舊不堪的廠房、老掉牙的設備，能生產出這麼美麗的塑膠花？確實令人難以置信。

「這是你們生產出來的嗎？」一位客戶懷疑的問道，「論品質，可以說與義產的不分上下。」「你們大概懷疑我是從義大利弄來的吧？」李嘉誠早已看出了客戶的懷疑，他心平氣和的微笑道，「你們可以將兩者比較，看看是港產的，還是義產的。」

大家圍著塑膠花仔細察看，這才發現李嘉誠帶來的塑膠花，的確與印象中的義大利產品有所不同。在樣品中，有好多種東方人喜愛的特色花卉品種。

不久，塑膠花迅速風行香港及東南亞。更精確的說，應該是在數週之間，香港大街小巷的花卉店中，幾乎全都擺滿了長江出品的塑膠花。尋常百姓家、大小公司的辦公大樓裡，甚至汽車駕駛室裡，無不綻放著絢爛奪目的塑膠花。

李嘉誠用他的塑膠花掀起了香港消費新潮，長江塑膠廠漸漸開始蜚聲香港業界。

李嘉誠的創新不是生搬硬套，更不是不切實際的閉門造車，而是在模仿中找到結合點，在結合中求新鮮，以新鮮攻占市場。可以說李嘉誠念足了模仿中創新的生意經。

市場競爭日趨激烈。公司若想立足和發展，不僅要做到「人有我

有」,而且更要做到「人有我優」。要實現這一點,不妨多多學習、模仿他人之長,並且學會在模仿中創新。

■ 老闆如何提高創新能力

作為一個未來的總裁,應該具有激發和辨識創新思想的才能。

1　吸納各種創意

創意是成功的老闆求發展的最大能量或者說資源。有一位從事保險業的成功的推銷員對拿破崙‧希爾說:「我從來不讓自己顯得精明幹練。但我是保險業中最好的一塊海綿,我盡量吸收所有良好的創意。」

2　嘗試變化

這是一個瞬息萬變的世界,你要想求得更大的發展,就必須嘗試著去變化。比如你完全沒必要整天守著一條路線,你不妨換條路回家,換一家餐廳吃飯,或換個新的劇院,去交新的朋友,過一個同以前完全不同的假期,或計畫在這個週末做兩件你從來都沒做過的事。

如果你從事的是業務,你可以試著去對生產、會計、財務等發生興趣,這樣可以擴展你的能力,為你以後更好的發展打下堅實的基礎。

3　積極進取

悲觀的經營者永遠都不會成為成功的老闆,成功的老闆總是充滿信心面對未來的發展。

4　以更高的標準要求自己

成功的老闆在追求發展的過程中，都會為自己不斷的設定更高的標準，不斷尋找更有效的方法，或者降低成本以增加效益，或者用比較少的精力做更多的事情。「最大的成功」永遠屬那些認為自己能把事情做得更好的人。

5　善於學習

成功的老闆為求得更大的發展，總是在孜孜不倦的學習。學習有很多種渠道。這裡重點說說向別人學習以提升自己的創造力。

你的耳朵就是你自己的接收頻道，它為你接受很多的資料，然後轉變成創造力。我們當然不會從自己說的話裡有什麼收穫，但是卻能從「提問題」和「聽」中學到不少的東西。

6　善於把握良機

成功的老闆不會放棄任何一個發展良機，哪怕這個機會只是偶然的一個靈感，他們都會用發展的眼光對待它。

7　激發靈感

成功的老闆永遠都不會滿足自己目前的成就，他們擅長於以各種方法激發自己的靈感。下面簡單介紹兩種方法，希望對你能有所幫助。

首先，你可以參加一個本行人組建的團體，定期同他們聚會，但是你必須選擇一個有朝氣的團體。要經常和那些有潛力的人交往，傾聽他們的意見，聽他們說：「那個會議給我一個靈感。」「我在這個聚會中突

然有了個好主意。」請注意，孤獨閉塞的心靈很快就會營養不良，變成貧瘠的土壤，再也沒有創造力了。因此經常從別人那裡獲得一些靈感，是最好的精神食糧。

其次，至少參加一個外行的團體，認識一些從事著不同工作的人，會幫你開拓眼界，看到更遙遠的未來。很快你就會知道，這樣會對你的本行工作有多大的促進作用。

凡是能成功經營的老闆必離不開創新的頭腦——創新思維，而創新思維的形成需要你對傳統進行挑戰，打破牢籠，發揮自己的主觀能動力。

從童趣中發掘創造力

最有效的創新都簡單得驚人，其實，一項創意所能得到的最高褒獎就是別人說一句：「這個一看就懂，我怎麼沒有想到呢？」

我們在現實生活中，經常會覺得少年兒童們的一些想法是非常天真幼稚的，成年人談論起來都認為很可笑，在我們笑過之後，一切也化作煙雲隨風而逝。但真正可笑的，往往卻是我們自己。在孩子近乎荒唐的幼稚中，卻常常蘊含一些驚人的創造性。

美國一家化學公司的科技人員，查文獻，找資料，忙得不亦樂乎，為的是完成一項科研成果，用什麼方法去掉舊家具或牆壁上的油漆。大家先後提出了很多辦法，結果都不太理想。其中一個工程師在思考這個問題時，回憶起兒時的情景，每逢過節或有喜慶日子的時候，朋友們一起燃放鞭炮，導火線一點燃，劈里啪啦一通震天響，裹鞭炮的紙被炸得

漫天飛舞，鋪天蓋地。這時他的腦子裡突然冒出一個想法，是不是也可以在油漆裡放點炸藥，當需要油漆剝落時，用炸藥將油漆炸掉呢？他把這一想法對大家提了出來，大家聽後都笑了。這不是孩子們天真的想法嗎？

　　這位工程師並沒有因此而放棄自己的想法，後來他沿著這條思路不斷的探索、研究、改進，終於發明了一種可以加入到油漆中的特殊物質，把這種特殊物質加在油漆裡，油漆本身的特性不會改變，可是當它與另一種試劑接觸後，油漆馬上從附著物上乾乾淨淨的剝落下來。日本有一位叫喜美賀的家庭主婦，和很多人一樣，為洗衣機洗衣服時衣服常常沾上小棉團而苦惱，這也是科技人員頗覺棘手的問題。怎樣才能使現代化的洗衣機為人們帶來便利的同時，又不讓衣服沾上棉團而讓人苦惱呢？喜美賀開始了思考。

　　一天她正在思考時，幼年時的情景忽然浮現在腦海。幼年時朋友們在田野裡捉蜻蜓，通常是手握一根長木棍，棍子的另一端是個圓圈，圓圈上罩著蜘蛛網，大家在田埂上歡快的跑，見到蜻蜓後便將木棍一揮，蜻蜓便沾在網上了。

　　那麼在洗衣機內放一個小網是不是也可以罩住小棉團呢？科技人員立時予以否定，這個想法太缺乏科學頭腦了，未免把科技上的問題看得太簡單了。

　　喜美賀卻沒管這些，她非常執著，用了三年時間，做了許許多多各式各樣的小網，最後終於獲得了滿意的效果。將小網掛在洗衣機內，水使衣服和小網不停的旋轉，小棉團之類的纖細物就落入網中。衣服洗完後，用手將網中的雜物一撈，就輕鬆的處理掉了。

由於小網製作簡單，使用方便，成本低廉，而且一個可使用多次，所以它一上市，便大受歡迎。喜美賀為此申請了專利，她得到的專利費達 1.5 億日元。

看過了上面的兩個實例，我們不難看出，像使油漆剝落和讓小棉團不沾衣服這些問題，如果按成人的包括一些科技人員的思考方法去解決，將會是非常困難的。而透過這種「返老還童」式的思維方法去分析問題，有時反而更能誘發一些切實可行、化繁為簡，變複雜為容易的方法，強烈的好奇心和探索精神給思路的開拓注入了活力。

少年兒童，對規律、規則知之甚少，條條框框的約束也必然更少，沒有了清規戒律的思維顯得異常的活躍，五花八門的奇思妙想也以十分靈活的方式湧現，一些發明創造也就容易成功了。

對生活中有待創新的問題，像兒童那樣多一些天真，多一些好奇，多一些「胡思亂想」，多一些無規則的遊戲等等。對我們「破繭」而出，展翅翱翔，將產生莫大的影響和推動作用。

第七種能力：壓力鍛造老闆

第七種能力：壓力鍛造老闆

■ 經營與逆境困難相伴

九年創業的經驗告訴我，任何困難都必須你自己去面對。老闆就是面對困難。

通常來說，逆境和困難是能否取得成功的試金石，在逆境和困難前，很多平庸之輩都低下了自己的頭，只有少數不甘心失敗者，才能忍受常人不能忍受的挫折，奮力拚搏創造新一輪的輝煌。

在波濤洶湧的商海當中，沒有一個老闆可以隨隨便便成功。遭遇挫折或失敗是很平常的事情，而這也是老闆必須越過的分水嶺。其實，逆境和困難是一種優勝劣汰的選擇機制，越過逆境這座分水嶺，人生才能呈現一種嶄新的境界。否則，只能平庸一生，默默無聞一生。

下面這則寓言可以窺探出對待逆境的心態不同，結果也會大不一樣。

有三隻蛤蟆不小心掉進了鮮奶桶裡。

第一隻蛤蟆說：「這是神的意志。」於是，牠盤起後腿，等待著。

第二隻蛤蟆說：「這桶太深了，沒有希望了。」於是，牠淹沒了。

第三隻蛤蟆說：「儘管掉到鮮奶桶裡，可是我的後腿還能動。」於是，牠奮力的往上跳。牠一邊在奶裡划，一邊跳，慢慢的，牠覺得自己的後腿碰上了硬硬的東西，原來是鮮奶在蛤蟆後腿的攪拌下，漸漸的變成奶油了。憑著奶油的支撐，這隻蛤蟆跳出了鮮奶桶。

由此可見，在逆境之中的不同態度得到的會是完全不同的結果。

猶太商人是世界上最偉大的商業群體，他們之所以在商界成為傳奇，與他們所處的環境是有著很大關係的。在近兩千年漂泊流離的生活中，猶太人一直處在逆境之中。在這漫長的日子裡，一方面，他們把逆

境視若尋常事，任憑風吹浪打，而且在此過程中學會了忍耐和等待，堅信一切很快就會過去的，學會了如何在逆境中生存發展的智慧。另一方面，把逆境看作是一種人生挑戰，發揮自身潛在的能力，精神抖擻的在逆境中崛起。猶太人把這種智慧運用到商業操作中，從而成就了偉大的猶太商人群體。

猶太企業家路德維希·蒙德學生時代曾在海德堡大學和著名的化學家布恩森一起工作，發現了一種從廢鹼中提煉硫磺的方法。後來他移居英國，在英國幾經周折才找到一家願意同他合作開發此技術的公司，結果證明此項技術的經濟價值非常高。於是蒙德萌發了開辦化工公司的想法。

不久，蒙德買下了一種利用氨水的作用使鹽轉化為碳酸氫鈉的方法，這種方法是他一起參與發明的，但當時還不很成熟。蒙德於是在溫寧頓一邊買下一塊地建造廠房，一邊繼續實驗，以完善這種方法。儘管實驗屢屢失敗，但蒙德從未放棄，夜以繼日的研究開發。經過反覆而複雜的實驗，他終於解決了技術上的難題。

西元1874年廠房建成，起初生產情況並不理想，成本居高不下，連續幾年，公司完全虧損。同時，當地居民由於擔心大型化工公司會破壞生態平衡，拒絕與他合作。

猶太人在逆境中堅忍的性格幫助了蒙德，他不氣餒，終於在建廠六年後的1880年取得了重大突破，產量增加了三倍，成本也降了下來，產品由原先每噸虧損5英鎊，變為獲利1英鎊，雖然獲利不是很大，但也是非常大的成就了。當時的英國，工廠普遍實行12小時工時制，工人一週要工作84小時。蒙德做出了一項重大決定，將工人工作時間改變為每天8小時。由於工人的積極性極度高漲，每天8小時內完成的工作量與原來的12小時一樣多。

工廠周圍居民的態度也發生了轉變，等著進他的工廠做工，因為蒙德的公司規定，在這裡做工，可獲得終身保障，並且當父親退休時，還可以把這份工作留給兒子。

這種開創性的舉動，為蒙德的事業插上了騰飛的翅膀，他的不斷進取和不向挫折低頭的精神，使他成為了世界化工界的一大巨星。

英國生物學家赫胥黎說：「經驗不是一個人的遭遇，而是他如何面對自己的遭遇。」

面對逆境和困難，要想從容走過，老闆就要有一種強者的心態，這是一種態度。每個人都有權選擇自己的生活態度，而態度則影響我們待人處事的方法。正所謂思路決定出路，生活始終都是由我們的思想造成的。選擇積極進取、力求突破，還是消極退讓、虎頭蛇尾，對老闆自我發展或戰勝經營逆境都極為重要。

利用壓力實現飛躍

要善於從不利因素中找出有利因素，即把不利條件變為奪取勝利的有利條件。

1917 年 6 月 15 日，松下做出了一個令人震驚的決定：辭掉令人羨慕的、他還沒做滿兩個月的檢查員工作。這一決定使他告別了穩定平和的生活，從此登上一條充滿艱難險阻而又波瀾壯闊的人生旅途。

松下的決定確實令人費解，他從十五歲進入電燈公司，由於技術精湛，頻頻獲得提升，才二十二歲，就做上了檢查員，公司對松下寄予厚望。然而松下覺得檢查員的工作實在太輕鬆了，簡直有點無聊，於是他想起了父親的話「想發跡，唯一的出路，就是做生意。」他毅然決然的

辭去了檢查員的工作，用不到 100 日元的資金創辦了自己的公司。公司的起步並不是一帆風順，產品剛問世就遭受了滅頂之災，好不容易賣出一百個，得到的現金還不到 10 元，各電器行反饋的意見是：這種插座不好用。

松下的困難是明擺著的，公司的資金沒有了，員工的薪水發不了，吃飯成了問題，然而松下並沒有被擊倒。在他典當了衣服，勉強支撐時，松下非常意外的接到了某電器商會的通知，需要一千個電扇底盤，就這樣松下瀕臨倒閉的小廠走出了困境。

任何事物都有它矛盾的兩方面，壓力也是這樣。適當的壓力可振奮精神，提高工作效率和生活樂趣；適當的壓力能提供刺激和挑戰，對發展、成長和改變都很重要。我們的生活中就是需要用緊張來平衡幸福，用壓力來實現飛躍。

其實不論壓力有多大，都沒有過不去的困境。不要緊抱著安逸不放，要勇於走出安逸，不經歷風雨不會見彩虹。

如果沒有困苦，沒有壓力，就不會有成功。作家羅蘭說：一個人，只因為唯恐與別人失散，而忘乎所以的和別人擠在一起捲來捲去，把別人的方向當成了自己的方向，這是一種迷失和個人思辨能力的障礙與約束。大家一窩蜂湧向同一個目標，每一個人都無暇旁顧，人們卻稱這種現象為「競爭」，以為這就是「進步」的原動力。人們時常為了怕與別人失散而不敢自尋出路；人們也怕離開了跑道去給自己另開蹊徑會遭受淘汰出局，而只得盲目的繼續跟著別人奔跑，以在跑道上的勝利為勝利，以能和眾人擁擠同行為安全、為成就。這種做法實在太可悲了。

第七種能力：壓力鍛造老闆

困境中獨當一面的能力

最成功的商人。每一個都具有處變不驚、獨當一面的能力。

日本索尼公司推出了高品質的索尼彩色電視，在日本市場上十分熱賣，但奇怪的是，一到了美國，簡直就淪落到叫花子的地步，無人理睬，銷量很低。公司的國外部部長迫不得已，只得一而再、再而三的宣布降價，但越是降價，索尼彩色電視的市場形象就越差，就越是受到顧客的冷落。

1974年7月，卯木肇被重金請入公司，擔任了國外部的新部長。他信心百倍，決定透過自己的努力來改變這種現狀，向世人證明自己獨當一面的實力。

他來到美國，吃驚的發現索尼彩色電視都擺放在廉價出售的舊商品小店裡，落滿灰塵，無人問津。他無限傷感，陷入了長久的思索之中。透過反覆調查，他終於弄明白了事情的原因：在美國有成千上萬個電器銷售商，索尼彩色電視竟沒有和他們中的任何一個取得聯絡，沒能征服他們的心，也就自然不能征服消費者的心了。

他了解到芝加哥最大的電器銷售商是馬西里爾公司，於是決定從這裡打開突破口，抓住這個行業龍頭，徹底解決銷售問題。但是馬西里爾公司久負盛名，又怎會把他們這樣初出茅廬的外國公司放在眼裡？他一連去了三次，都沒見到經理一面。

他不甘心，第四次又去，終於見到了經理，但經理對他十分冷淡，把他連諷刺帶挖苦的嘲弄了好半天。他為了公司的利益，只好忍辱負重，不去計較。回去後，他立刻按照經理的要求，把各家小店裡的降價

彩色電視全部取回，並重新刊登廣告，以便塑造索尼彩色電視的嶄新形象。

一切準備就緒，他又去拜訪經理，不料經理又提出了新的難題，以「售後服務太差」為藉口，斷然拒絕銷售。他接受了經理的意見，又著手籌建特約維修部，並刊登廣告，保證公司的維修人員隨叫隨到。

這一次應該萬無一失了吧，他充滿信心的想，誰知當他見到經理，卻又被潑了冷水。經理傲慢的說「你們的彩色電視沒有知名度」，仍舊把索尼彩色電視拒之門外。

這一下他被徹底惹火了，決心給他們一點顏色瞧瞧。於是他立即下令自己的部下，每人每天向他們至少打五次電話，反覆要求購買索尼彩色電視。

馬西里爾公司的職員不知內情，就把索尼彩色電視列為「待交貨名單」上報經理。經理看了，當即明白是怎麼回事，頓時火冒三丈，把卯木肇叫來，當面嚴詞責問。

卯木肇也不客氣，當即把索尼彩色電視的優點一五一十的講了一遍，說得經理無言以對。於是經理就有意提出了很苛刻的條件，想把他嚇退，但他毫不示弱，據理力爭。最後經理只好鬆了口，答應為他們代銷兩臺試試，如果一個星期內還賣不出去，就再也不銷售他們的彩色電視。

卯木肇笑了，他終於贏了關鍵性的一步。他立刻選派兩個能說會道、又年輕英俊的推銷員將兩臺彩色電視送到馬西里爾公司，並要求他們務必與馬西里爾公司的店員一起推銷，只許成功，不許失敗，一定要把這兩臺彩色電視銷售出去。

第七種能力：壓力鍛造老闆

結果當天下午四點多鐘，兩臺彩色電視就全部賣出去了。馬西里爾公司經理很高興，立刻又叫他們送了兩臺來代銷。

索尼彩色電視在美國的銷路就這樣被打開了。隨著美國大眾對索尼彩色電視的認可，索尼公司的知名度也越來越高，到了當年的十二月，就創造了一月銷售七百餘臺的銷售業績，令馬西里爾公司經理刮目相看，主動提出與卯木肇加大合作的力度，合作更多銷售活動。

索尼彩色電視很快占據了美國市場，並進而橫掃全世界，成為彩色電視市場上的一大王牌。

獨當一面的本事是領導素養的核心內容，也是員工素養的重中之重。只有勇於在市場競爭中獨當一面，才能讓公司的發展健康蓬勃。

市場低迷時的鬥志

沒有不景氣，只有不爭氣；不怕無錢賺，只怕不想賺。

經濟不景氣就像一場風暴考驗著每一位老闆的智慧與韌性。誰能經歷狂風巨浪依然屹立不倒，誰便是強者。風暴把柔弱的老闆淘汰掉，而把堅強的老闆留下來。

不景氣像篩子把弱者篩掉，如果你是個強者便可留下來。只要你充分發揮自己的智慧與韌性，那麼危機正是賺錢良機。

只要有這樣的鬥志，就是對生意無所知的門外漢也同樣可以賺錢。知識可以學習，經驗可以累積，最怕的就是缺乏鬥志。沒有鬥志，那一定是一事無成。

在景氣好的時候，實施經營改革，往往不是件容易的事，反而在不

景氣時改革比較簡單，因為公司職員比較會聽話。一般人的心理，總認為景氣時，沒有什麼需要改革的，所以不太理會老闆的話。因此，在不景氣時，將計畫改革的方案，馬上付諸實施，這樣才能收到事半功倍的效果。這也是有心的經營者應多加考慮的一個改革手法。

誰都不歡迎不景氣的來臨，但很不幸的是我們必須去面對它，所以我們不妨將不景氣當做「轉禍為福」的機會。而商家要抓住不景氣的時候，以促成事業的成長，至少也應藉此機會實施改革，打好基礎，以便在不景氣消退時，獲得長足的進展。

做生意只要有艱苦卓絕的大無畏精神，那麼碰到困難，與其說是苦事不如說是樂事，與其哭泣不如歡笑。

黎明前的黑暗需堅持

很多公司都很難，都曾處在黎明前的黑暗之中，但關鍵是如何能讓公司不在黎明前死去。

有幾個小商人一起討論創業之道。大家的共同經驗之一，是創業之始，通常有一年左右的時間，入不敷出，捱得很苦。當然，能坐下來泰然自若的討論這段經歷的人，都已脫離了這個危險時期。只不過身在其中時，曾經面對一個重要決策——繼續撐下去，還是放棄呢？

有人認為可以半機械的定一個目標。按時檢查，如不能達到目標的話，就忍痛放棄，不然的話，泥足深陷，不能自拔，則更麻煩。

但話雖是這麼說，在實際的環境中，黎明之前最黑暗，這時候放棄便前功盡棄了。

第七種能力：壓力鍛造老闆

作為一種生意，需要一定的技術、一定的關係網以及一定的組織，這三點，都不是一夜之間就可以形成的。以一個曾從事多種經營的生意人來說，投入一門新的行業，或許會快一點上手，但在這一段學習的過程中，必然事倍功半。如果認為成績不理想便放棄的話，便浪費了很多時間，接著又投入到另一個新的環境之中，又要從頭做起，十分辛苦，而且又不能保證這一新的嘗試會很快有收穫。

再者，一個人手上的資金很有限，一次失敗放棄了，第二次又如此，這樣下來，又能重複幾次？

所以，一個人在創業之始，要好好的考慮和準備。下了決心，便要以勇往直前的大無畏精神闖到底。只有在一種情況下，才可以盡早回頭，那就是發覺自己根本做錯了事，選錯了生意，入錯了行，不然的話，死棋也要把它下活，或者以死棋作為轉移的基地。

在商場上度過今天、明天的人很多，而大多數人都倒在了明天晚上。

壓力面前保持積極心態

任何一個老闆，永遠要把自己笑臉露出來，很難想像一張痛苦的臉可以給人帶來快樂。

對於渴望經商致富以改變自己命運的人而言，如何認識自己目前的「一無所有」，對其以後的商業道路的發展至關重要。一般說來，持「反正我也是一貧如洗，再怎麼努力奮鬥也無濟於事」態度的人，必將貧困潦倒終生，並且一事無成。而抱「雖然我眼下一無所有，但是我將努力去奮鬥……」想法的人則將成為真正的勝者，積極的心態才有可能為你

帶來未來的財富。

　　猶太人通常是樂觀的，他們也就是靠著這個信念而活下來的，也許是因為有了長久的痛苦歷史，他們才會如此樂觀。在不斷流浪遷徙，被人屠殺的那些瀕臨絕望的日子裡，猶太人始終抱定一種生活和命運一定會好轉的信念，假如不如此，也許現在走遍全世界也找不到一個猶太人了。

　　猶太民族中，曾長期流傳著一則名為「飛馬騰空」的古老童話故事：

　　古時候，有一個猶太人因惹怒國王而被判了死刑，這個猶太人向國王請求饒一命，他說：「只要給我一年的時間，我就能使國王最心愛的馬飛上天空。」

　　他說，假如一年過後，馬仍然不能翱翔天空，那麼他就願意被處死刑，而毫無怨言。國王答應了他的請求。

　　一個囚犯朋友對他說：「你不要信口開河好不好，馬怎麼可能飛上天空呢？」

　　這個人怎麼回答？

　　他說：「在這一年之內，也許國王會死、也許我自己病死、說不定死的是那一匹馬。總之，在這一年，誰知道會發生什麼事呢？所以只要有一年的時間，說不定馬真能飛上天空！況且，如果一切還是老樣子，我也能多活一年！」

　　這個故事告訴我們：人生的希望是無窮的，所以絕不可輕易放棄。觀念上的轉變固然重要，對待致富採取一個什麼樣的心態就更為關鍵。

　　為什麼有些人能夠成為富豪？成為富豪者首先在於他具有積極的心態。心態不同，對待事物也就會有不同的方式。成功的創業家總是運用積極心態去支配自己的人生，用積極的心態來面對這個世界，面對一切可能出現的困難和險阻。他們始終用積極的思考、樂觀的精神、充實的

靈魂和瀟灑的態度來支配、控制自己的人生。他們不斷的克服困難，從而不斷的走向成功。而失敗者則精神空虛，他們受過去曾經經歷過的種種失敗和疑慮的引導和支配，以自卑的心理、失落的靈魂、失望的悲觀的心態和消極頹廢的人生目的作前導，其後果只能是從失敗走向新的失敗。至此是永駐於過去的失敗之中，不再奮發向上。

仔細觀察比較一下我們大多數人與成功者的心態，尤其是關鍵時候的心態，我們就會發現「心態」導致了驚人的不同。

在推銷員中，廣泛流傳著一個這樣的故事：

兩個歐洲人到非洲去推銷鞋子。由於炎熱，非洲人向來都是打赤腳。第一個推銷員看到非洲人都不穿鞋子，立刻失望起來：「這些人都光著腳，不穿鞋子，怎麼會要我的鞋？」於是放棄努力，失敗沮喪而回；另一個推銷員看到非洲人都光著腳，驚喜萬分：「這些人都沒有鞋子穿，這裡的鞋子市場大得很呢！」於是想方設法，引導非洲人購買鞋子，最後發大財而回。

這就是心態不同導致結果巨大差異。同樣是非洲市場，同樣是對打赤腳的非洲人，由於心態不同，一個人灰心失望，不戰而敗；而另一個人滿懷信心，大獲全勝。

我們的心態在基本上決定了我們人生的成敗。生意場中更是如此，擁有積極的心態，便打開了一扇財富的大門。

魄力決斷，當斷則斷

一旦出現重大的商機，你能不能把握住，魄力很重要。

經商做生意是殘酷的，在機遇到來時，如果不能迅速抓住，就很可

能遭遇失敗，甚至是一蹶不振。所以，對於老闆來說，一定要有強大的魄力，在面對商情時做出準確判斷，抓住商機。

　　長期以來形成的商品經濟模式和官商經營作風，仍像幽靈一樣糾纏著許多經營者，尤其是初入商海的老闆。許多老闆不缺乏靈敏的市場觸覺，但就是沒有足夠的魄力，不能把握變幻莫測的市場動態，決策時不知所以，決策之後又做事拖拖拉拉。結果，導致機遇從眼前溜走。

　　機不可失，時不再來。商戰中，精明的老闆總感覺到，機遇總是那麼來去匆匆，一閃即逝。如果抓不住或抓不準，那就可能造成一生的遺憾。

　　1992 年，日本著名企業家盛田昭夫因中風而退出了索尼的經營決策與管理事務。而導致這種悲涼無奈收場的，據說因為他留給索尼的是一筆被業界和媒體認為是荒唐透頂的並購。1989 年 9 月 25 日，索尼宣布斥資 48 億美元，對哥倫比亞電影公司以及關聯公司進行並購。哥倫比亞的股價為每股 12 美元，而索尼的出價卻是每股 27 美元，很多人包括很有影響力的經濟學家與管理學家都認為盛田昭夫肯定是瘋了，並斷定盛田昭夫的一意孤行，必將把索尼帶向萬劫不復的深淵。確實，之後發生的事也驗證了專家們的預言，到 1994 年 9 月 30 日，哥倫比亞累計虧損 31 億元，創下了日本公司公布的虧損之最，索尼公司危在旦夕。

　　滄海橫流方顯英雄本色。進入二十一世紀之後，人們越來越發現，盛田昭夫巨大「失誤」的虧損並購，竟然是他留給索尼最有價值的一筆遺產。當很多人死抱著損益表在斤斤計較眼前經濟利益的時候，幾乎沒有多少人能夠理解盛田的用心良苦。他以企業家特有的眼光，洞見了二十一世紀索尼賴以存活的根基──視聽娛樂，並以靈敏的商業直覺，深刻的覺察到了好萊塢的知識產權對索尼發展的巨大策略意義。

　　盛田昭夫以他的大企業家的魄力，為未來索尼構建了以家庭視聽娛

第七種能力：壓力鍛造老闆

樂為中心，從內容、通路、網路到終端的產業鏈條和商業體系，回答了五十年之後索尼靠什麼吃飯、憑什麼競爭的問題。

所謂魄力就是老闆決策的膽略和果斷力，就是一針見血的切中問題的要害，相信自己，力排眾議，做出大膽和及時的決定。就是在不確定的複雜局面中，勇於冒險並承擔巨大的壓力和責任，同時還包括承認失敗和錯誤的勇氣，「勇於面對淋漓的鮮血，勇於正視慘淡的人生。」

《聊齋誌異》裡有個故事，說一個叫葉天士的著名中醫，在為自己的母親治病時，一味藥拍不了板，他知道，這味藥如果加對了會治好母親的病；用錯了母親的病會惡化，甚至有死亡的危險。這時，他猶豫不決的轉而詢問另外一位中醫，那位中醫堅決的認為應該加。當別人問他為什麼應該加藥時，他毫不避諱的說：因為治好了葉天士的母親的病，我可以藉此名揚天下；即使萬一治不好，反正是別人的媽不是自己的媽。

有一位企業家對這個故事深有感觸，他說：企業家是什麼？企業家就是把公司當做自己的媽還敢下藥治病，而且有能力把藥下對，把母親的病治好的人。

由此可見，公司老闆的魄力、膽略和勇氣是何等的珍貴，又是何等的壯烈！

商場如戰場。初涉商海的老闆在風雲變幻的商海競爭中，一定要有魄力，一旦時機到來，就必須當機立斷，該攻就攻，甚至要連續攻擊；該收場就收場，哪怕是有所損失。

當斷不斷，該及時收而不收，不該攻時而攻，不該收場時收了場，只會遭受到更加慘重的損失。商戰的殘酷，客觀上要求經營者清醒判斷，當機立斷，不允許拖拖拉拉而錯失良機，更要求經營者是一位觀察

家，第一素養就是眼力。這不僅表現在對市場風雲變化的直覺上，而且展現在運籌帷幄決勝千里的韜略中。欲想商戰獲勝，就要善擇良機，就要隨時把握客觀形勢及其各種力量的對比變化，透過現象看本質。狠抓商機才能財源滾滾！

避免賭博心理的經營方式

老闆不要試圖預測經濟形勢，因為你預測不來，你應該做好你的公司，讓公司在經濟形勢任何的波動之下都可以發展。

許多公司在進行決策時，由於對未來的市場趨勢無法正確預測，只得賭一把，其結果可想而知，虧者多數，贏者少得可憐。而即使能僥倖賺一把，在後來也難以逃脫失敗的厄運。

凡是老闆明白的事，義無反顧的去做，問題是許多時候對市場前景的感覺朦朦朧朧，而市場競爭又不進則退，所以只有去賭。很多公司很容易犯方向性錯誤，搭錯車，往往是賭錯了機會，從另一個角度說，公司的發跡大多是抓住一兩個好產品，看準一個市場藍海，然後押寶於市場促銷，一舉成功。這種偶然性的成功漸漸成為老闆的一種思維定式，在決策時帶有極強的賭性，但一兩個產品賭贏了，並不意味所有的產品都可以如法炮製。大多只是在市場上判斷一些變化，尋找機會下注。

具有投機心態的中小公司，尤其在新崛起的公司中應占相當的比例。如果說，在公司決定創立時，多多少少都有「賭一把」的心態，那麼，當公司進入正常經營後，如果還持之以投機心態，則會為害不淺。

公司的投機行為主要有以下一些特徵。

第七種能力：壓力鍛造老闆

- 投機特徵一：鑽漏洞。所謂鑽漏洞，主要是鑽價格的漏洞，透過價差發財。
- 投機特徵二：賭一把。在投機活動中，輸和贏的概率幾乎是對等的，贏了算自己走運，虧了自認倒楣。
- 投機特徵三：所賺的錢不是來自於財富的創造，而是來自於財富的分配，是透過掏別人的口袋賺錢。
- 投機特徵四：不是透過艱苦細緻的工作，勤勞致富，而是透過抓住有利機會一夜暴富。投機最明顯的特徵是跟著潮流走，什麼賺錢做什麼，買空賣空，靠對資訊的掌握和市場上洞察來溝通買方和賣方，從中獲利。

投資需要適當的投機，它的獨特作用在很多時候還無法替代，投機增加了經濟運作的活力，加速了個體經濟的活力。

那些只顧眼前利益，不管長遠損失；只顧自己賺錢，不管別人受害；只顧公司利益，不顧社會利益的惡性投機行為不僅會危害社會，還會把自己帶入絕境。

惡性投機的表現很多，一方面指違法行為，如製造仿冒品，坑害使用者；囤積居奇，加速短缺；盲目開發，破壞資源，汙染環境……另一方面是指鑽政策和法律的邊緣，以不道德的手段巧取豪奪的商業行為。

公司投機，的確造就了一些贏家，正是這些贏家的不費吹灰之力一夜暴富，給許多公司產生了極強的示範效應。但我們應該看到：在投機活動中，贏家畢竟是少數，輸家畢竟是多數。少數贏家的暴富正是以眾多輸家暴虧為條件的。即使是少數贏家，也不是常勝將軍，而是各領風騷三五年。

任何一種過度投機，對公司都是得不償失的。西方人有一句格言：你能騙一些人一時，但不能欺騙所有人一輩子。一旦顧客或客戶了解了你的真實情況，你的信用也就喪失殆盡了。這樣，你的知名度越高，對你的損害也就會越大。

第七種能力：壓力鍛造老闆

第八種能力：極致用人智慧

內部激勵機制的關鍵設計

聯想在帶隊伍方面事做的比較好的。我們對員工，尤其事對核心員工有很好的激勵方式。激勵分兩方面，一是物質激勵，二是精神激勵。

老闆一定要在公司內部建立起獎勤罰懶的激勵機制，用各種物質的、精神的手段，對做出業績者給予表彰和鼓勵，對毫無建樹、甚至造成重大失誤的人給予批評和處罰，這樣，就能在自己的公司中形成人人爭先的良好局面。

日本索尼公司董事長盛田昭夫不僅在招攬人才上有一套獨特的辦法，而且還在公司內部建立了一系列別出心裁的制度，對人才進行有效的激勵，促使他們更充分的發揮自己的才能。

在公司每星期出版的小報上，允許各下屬公司刊登「招聘廣告」，也允許員工發布自己的「求職廣告」，公司職員可在所有公司之間自由應徵，任何人都無權干涉。公司內部的人才流動，為人才更好的發揮自己的特長提供了廣闊的舞臺。

與此相反的是，我們常常看到一些公司不惜重金請來人才，但卻不能合理的使用，把他們安置在不恰當的位置上，影響了他們工作的積極性；還有一些公司的老闆，雖對人才十分重視，並給予了他們恰當的位置和權限，但卻對他們很不放心，時時刻刻都想過問一番、干預一下，自以為是對他們的關心和愛護，卻反而束縛了他們的手腳，使他們無法大顯身手。

建立有效的激勵機制，對一個公司尤其事創業型公司來說，是相當重要的。人人都有追求成功的心理需求，不管是那些身懷絕技的人才，

還是普普通通的員工，這種心理需求都是相當旺盛的。用制度的形式給予他們這種機會，他們潛在的創造才能就會被極大的激發出來，做出連他們自己都會吃驚的業績。

雖說人的才能有大有小，但我們必須承認，每個人都是有所特長的，只不過由於各式各樣的原因，許多人的特長、甚至是才能都被忽視了、埋沒了，這是十分可惜的事情。很可能他們自己都沒有意識到，但只要確立一套有效的激勵機制，把機會提供給他們，他們的特長和才能就會在一瞬間顯示出來。

有效的激勵機制主要展現在獎勤罰懶上，用各種物質的、精神的手段，對做出業績者給予表彰和鼓勵，對毫無建樹、甚至造成較大失誤的人給予批評和處罰，就能在公司內部形成人人爭先的良好局面。

這就好比草原上的狼群。狼群每次捕獵成功，都會把獵物盡情享用，在分享勝利果實的過程中，狼性中英勇頑強、奮發向上的品格被有效的激發了出來。

與此相反，如果狼群捕殺不到獵物，就要長時間的挨餓，飢腸轆轆的滋味就是最好懲罰。

獎勤罰懶的激勵機制在狼群中實施得十分徹底，又十分公平，因此狼群們不論在什麼險惡的情況下，都會拿出亡命之徒的姿態，拼死一戰，用血的代價，去爭取最終的勝利。

英國維珍集團是一個聞名世界的大公司，在全球二十六個國家設立了兩百多家公司，員工達到兩萬五千餘人。集團廣泛涉足飲食、旅遊、航空、金融、飲料、婚紗禮服等各個領域，在世界上產生了廣泛的影響。

維珍集團的創辦者是理查·布蘭森，從二十六歲退學創辦《學生》雜

誌開始，他在商場縱橫一生，一手把維珍集團發展壯大，現在他已擁有了龐大家產，成為英國首屈一指的大富豪。

他的公司雖說十分龐大，員工人數眾多，但因為他匠心獨具，精心運作，創建了一套行之有效的內部激勵機制，所以使公司始終煥發著無盡的生機，保持著平穩而正常的運轉。

更令人稱絕的是，他獨樹一幟，別出心裁，首創了「把你的點子說出來」的創意機制，用來鼓勵員工獻計獻策，為集團的發展出主意、想辦法。

一般大公司的老闆都不願自己的電話讓員工知道，以免員工找上門來給自己帶來不必要的麻煩。但布蘭森卻偏偏反其道而行之，他把自己的電話專線公開，讓每一個員工都知道，只要員工想到了什麼好辦法，就可以以最快的速度傳遞給他。

接員工的電話雖說占用了他不少時間，但他樂此不疲，因為他從這些電話中確實得到了不少有用的主意，為他的決策提供了不少的幫助。

他還非常願意和員工們直接對話，聽取他們的意見和建議。但公司實在太大了，要把員工一個一個辨認出來，都是一件很難的事情，更別說抽出時間來和他們一個一個的交談了。怎麼辦呢？

他又想出了另一個辦法，建立了另一套激勵機制。他的公司每年都要舉行一個宴會周，只要員工想出了好點子，都可以報名來參加宴會。他的宴會周盛況空前，最多的一次就達到了三千五百餘人。

集團的高級主管和他本人都親自參加宴會。在宴會進行的過程中，每一個員工都可以直接走到他面前，向他獻出自己的點子。

他覺得這還不夠，於是又親自下令，要求每個部門都要建立一整套的制度，鼓勵員工為公司的發展獻計獻策，並且還要保證把這些點子以最快的速度上傳到他那裡。

在他的要求下，集團的每個常務董事都在當地餐廳常年預留了八個

空位子,不管是哪個員工,只要他想出了一個點子,就可以申請和常務董事一起共進午餐。

他還一再要求各部門的經理向員工們徵求好點子、好建議、好構思,以供他決策之用。

透過這一系列科學有效的內部激勵機制,他和員工們得到了經常性的溝通,整個集團達到了空前的團結,確保他在經營中採取更有效、更靈活的策略,促進了公司的全面發展。

替員工創造成功的機會,讓員工時時刻刻都有一個明確的奮鬥目標,就能極大的煥發員工的工作熱情,做出更加突出的成績。

丸正食品連鎖店是日本的一家飲食公司,老闆飯塚正兵衛提出了「人人有店,就會賣力工作」的口號,大張旗鼓的實施「分號制度」。

他的做法是這樣的,只要員工賣力工作,為店裡做出了突出的貢獻,他就會出資給這位員工開一家分店,讓這位員工當上老闆。

結果,員工的工作積極性空前高漲,都在為成為老闆而不懈努力。分店接二連三的開起來了,連鎖店的規模越來越大,經營效益也成倍的增加。

確立了有效的激勵機制,就能充分調動起公司員工工作的積極性和創造性,更大限度的發揮各自的特長和才能,為公司的發展做出更突出的貢獻。

最有效的員工激勵法則

要做好企業,人是第一要素。人的精神,人的志氣,人的積極性是最關鍵的。無論在哪種體制下,都要調動人的積極性。

第八種能力：極致用人智慧

羅克是哈佛大家經營管理方面的著名專家，他在 2000 年 8 月出版的《激勵效率》一書中提出了十五種激勵方法，被稱為「羅克式十五種激勵規則」，具體如下：

(1) 目標明確以後，經理就可以為員工提供一份挑戰性的工作。按部就班的工作最能消磨鬥志，公司想要員工有振奮表現，必須使工作富於挑戰。

(2) 確保員工得到相對的設備，以便把工作做到最好。擁有本行業最先進的設備，員工便會自豪的誇耀自己的工作，這誇耀中就蘊藏著巨大的激勵作用。

(3) 在專案、任務實施的整個過程中，經理應當為員工出色完成工作提供資訊。這些資訊包括公司的整體目標及任務，需要專門部門完成的工作及員工個人必須著重解決的具體問題。

(4) 做實際工作的員工是這項工作的專家，所以經理必須聽取員工的意見，邀請他們參與制定與其工作相關的決策，並與之坦誠交流。

(5) 如果把這種坦誠交流和雙方資訊共享變成經營過程中不可缺少的一部分，激勵作用就更明顯了。公司應當建立便於各方面交流的問題，訴說關心的事，或者獲得問題答覆。

(6) 研究顯示，最有效的因素之一就是：當員工完成工作時，經理當面表示祝賀。這種祝賀要來得及時，也要說得具體。

(7) 如果不能親自表示祝賀，經理應該寫張便條，讚揚員工的良好表現。書面形式的祝賀能使員工看得見經理的賞識，那份「甜滋滋的感受」更會持久一些。

(8) 公開的表彰能加速激發員工渴求成功的欲望，經理應該當眾表揚員工。這就等於告訴他，他的業績值得所有人關注和讚許。

(9) 如今，許多公司視團隊協作為生命，因此，表揚時可別忘了團隊成員，應當開會慶祝，鼓舞士氣。慶祝會不必太隆重，只要及時讓團隊知道他們的工作相當出色就行了。

(10) 經理要經常與手下員工保持聯絡。學者格拉曼認為：跟你閒聊，我投入的是最寶貴的資產 —— 時間。這表明我很關心你的工作。此外，公司文化的影響也不容忽視。公司要是缺少積極向上的工作環境，不妨把以下措施融合起來，善加利用。

(11) 首先要了解員工的實際困難與個人需求，設法滿足。這會大大調動員工的積極性。

(12) 如今，人們越來越多的談到按工作表現管理員工，但真正做到以業績為標準提拔員工仍然可稱得上一項變革，憑資歷提拔的公司太多了，這種方法不但不能鼓勵員工爭創佳績，反而會養成他們坐等觀望的態度。

(13) 談到工作業績，公司應該制定一整套內部提拔員工的標準。員工在事業上有很多想做並能夠做到的事，公司到底給他們提供了多少機會實現這些目標？最終員工會根據公司提供的這些機會來衡量公司對他們的投入。

(14) 洋溢著社區般的氣氛，就說明公司已盡心竭力要建立一種人人欲為之效力的組織結構。背後捅刀子、窩裡反、士氣低落會使最有成功欲的人也變得死氣沉沉。

(15) 員工的薪水必須具有競爭性。即要依據員工的實際貢獻來確定其報酬。

當今許多文學作品貶低金錢的意義，但金錢的激勵作用還是不可忽視的。要想法使金錢發揮最大作用。

積極向上的工作環境，需要自立自強的員工。行為科學認為，激勵可以激發人的動機，使其內心渴求成功，產生推動人朝著期望目標不斷努力的內在動機。不過在實施激勵以前，老闆應該清楚，他激勵員工想達到什麼目標。

員工問題的根源往往在老闆

沒有不行的員工隊伍，只有不行的管理幹部。

老闆是這樣一個角色：當公司在運行過程中出現了問題，員工犯了錯時，不要先怪罪於員工，反倒應該從自身找原因，把發現問題和解決問題看成是公司成長和塑造員工的樂趣所在。

解決問題先要選對人，選擇合適的人，合理的分配人才，最為關鍵。聰明的老闆一定在選人上費盡心機，往往為了得到一個合適的人，一直追蹤，等待，極有耐心的培養，尋獵。

當然，選人包括組合人，要善於把不同類型、不同特點和不同能力的人組合在一起。就如建築一樣：碎磚斷瓦孤立的堆在那裡，就是一堆垃圾；一旦融入到整面牆之中，每一塊磚瓦便都成了不可或缺的要素。

人沒有選對，下面的部門必然接二連三的出現低級重複的問題。

員工能幹不能幹，就看老闆有沒有教給部下好方法，能不能營造出讓員工愉悅的生存環境。

別讓自己的潛意識損傷了公司的健康，公司是一個對人的活動或力量進行協調的體系，這個體系的管理者——老闆必然會以自己的某種潛意識左右著公司及其成員的人格取向。急功近利的老闆會和求得長期生

存的部下相抵觸；為了降低成本，老闆可能會從員工身上去壓榨；為了讓自己公司的資金寬裕，可能有意無意的拖欠供應商貨款⋯⋯這些潛意識在日常工作中會使正直向上的員工無所適從，無意中犯「錯」。

如果一個公司不能使自己的員工抱著陽光心態和簡單思維從事日常工作的話，這個組織就會變得木訥、遲鈍而沒有生機。

記得王永慶說過這樣一句話：「勝過別人不是最重要的，最重要的是我們能不能戰勝自己。」

既然問題的根源出在老闆自己的身上，那麼，就該少發火，乃至不發火。

懲罰員工需穩準狠

管理是一種嚴肅的愛。

義大利著名思想家和哲學家馬基維利曾寫過《君王論》一書，書中告誡主管們：「最好是一上臺便來一個下馬威，而好事要一點一點的去做。」

懲罰的特點是：

1　要穩

採用強硬手段懲罰一個人，也是要冒風險的。這主要在於懲罰者本身，有時這個人有良好的人際關係；有時掌握著關鍵的技術資訊；有時有著強硬的後臺。拿這樣的人開刀，就要對其背景多加考慮，慎重行事。懲罰不當終會帶來抵制和報復，因此在動手之前首先應想到後果，能夠拿出應付一切情況發生的可行辦法。

2 要準

批評、懲罰要直接乾脆，直指其弱點，直刺其痛處，爭取一針見血。有時某人總是犯同樣的錯誤，或者代表一類人的錯誤，這時的懲罰要選準時機，待其犯錯最典型、最明白、最有危害性時下手。這樣才會讓受罰人心服口服，也會讓眾人引以為戒。切忌無事生非，不明事實，也切忌小題大作。

3 要狠

一旦認準時機，下定決心，便要出手俐落，堅決果斷，毫不容情。切忌猶豫不定反覆無常，拖沓累贅。傑出老闆的經驗是：一旦採取堅決措施，便變得冷酷無情。這樣做，是在向眾人顯示，我的做法是完全正確、適宜的，我對我的做法毫不後悔，這是最好的選擇。

《三國演義》或《水滸傳》之類的小說，有類似的情節：一員大將驍勇善戰，忠心耿耿，卻不幸在一次戰鬥中失敗，被對方俘獲。當他被五花大綁推到堂上，正準備從容就義之時，對方高明的領袖一見，急忙親自上前鬆綁，口稱英雄，恩禮有加。結果會怎樣？不用說，多數英雄也都感謝知遇之恩，以求今後以死相報。這正是威嚇與恩禮相互結合運用的妙處。

■ 衡量人才的十個標準

人才是利潤最高的商品，能夠經營好人才的企業才是最終的大贏家。

◆ 不忘初衷而虛心學習的人

所謂初衷，即創造優質廉價的產品以滿足社會、造福社會。只有抱著這種初衷，才可能謙虛，也只有謙虛才能實現這種使命。日本的松下幸之助在任何時候都很強調這種初衷，可以說，他的謙虛正是為了達成、完滿也能夠順利實行的活用人才之道。松下指出：處於主管職位的人，尤其不可沒有謙虛之心。經常不忘初衷，又能謙虛學習的人，才是公司所需人才的第一條件。

◆ 不墨守成規而經常推陳出新的人

要允許每一個人在基本方針的基礎上，充分發揮自己的聰明才智，使每一個人都能展現其五光十色的燦爛才能。同時，也要求老闆能讓員工自由行事，活用每一個人的才能至其極限。

◆ 愛護公司和公司成為一體的人

在歐美公司那裡，當人們被問及從事什麼工作時，他的回答總是先說職業，後說公司；日本人則與此相反，先說公司，後說職業。一位合格的員工要有公司意識和公司甘苦與共。

◆ 不自私而能為團體著想的人

公司不僅培養個人的實力，而且要求把這種實力充分的運用到團隊上，形成合力。這樣，才能帶來蓬勃的朝氣和良好的效果。

◆ 能作正確價值判斷的人

所謂價值判斷，是包括多方面的。大而言之，有對人類的看法、對人生的看法，小到對公司經營理念的看法，對日常工作的看法。不能做出正確價值判斷的人，實際上是一群烏合之眾。

第八種能力：極致用人智慧

◆ 有自主經營能力的人

　　一個員工只要照老闆交代的去做事，以換取一個月的薪水，是不行的。每一個人都必須主動積極、自主自發的心態去做事。如果這樣做了，在工作上一定會有種種新發現，也會逐漸成長起來。

◆ 隨時隨地都有熱忱的人

　　人的熱忱是成就一切的前提，事情的成功與否，往往是由做這件事情的決心和熱忱的強弱而決定的。碰到問題，如果擁有非做成功不可的決心和熱忱，困難就會迎刃而解。

◆ 有責任意識的人

　　這就是說，處在某一職位、某一職位的幹部或員工，能自覺的意識到自己所擔負的責任。有了自覺的責任意識之後，就會產生積極、圓滿的工作效果。

◆ 有氣概擔當公司經營重任的人

　　在自我擔當的豪氣中，我們可以看到一個人的肝膽，可以看到一個人的血性，可以看到一個人的真情實意。

　　儘管公司的發展需要上述幾種類型的人，但正如人生在世「不如意事十之八九」一樣，實際生活，不如意人也常六七。

　　社會上有各式各樣的人，正所謂是千人千面，千人千心，不可能有那麼多和自己脾氣、作風相投的人。老闆必須認識這一點。正如松下先生所說：

　　「得到和自己心意相投之人的幫助，當然是件值得欣慰的事；相反的，如遇見觀念作風和自己格格不入的人，也無需懊惱。一般來說，在

十個部屬中，總有兩個和我們非常投緣的；六七個順風轉舵，順從大勢的；當然也難免有一兩個抱著反對態度的。也許有人認為部屬持反對意見，會影響到業務的發展。但在我看來，這是多慮的。適度的容納不同的觀點，反而能促進工作更順利的進行。」

適當施壓以激發員工潛力

　　經理人不是只告訴別人怎麼做的傢伙，而是激發隊伍產生一定的抱負，並使之朝目標勇往直前。

　　面對下屬的努力無論是否有成績，都應給予鼓勵。

　　當你的下屬們工作努力時，你應有所察覺；當他們取得成績時，你理應有所表示，或者給他們加薪，或者提升。但對那些努力而沒有取得成績的下屬，你又該如何呢？

　　對那些肯賣力氣但能力實在平庸的人，首先應肯定其努力，而更多的是幫他如何提高能力。料想他也在為自己的努力無結果而苦惱，如此處理，定會使你的所有員工都感到有無窮的動力在驅使著他們。只要努力工作，就會得到老闆的重視，於是一種嚴謹、踏實的工作作風就在你的公司裡形成了，人們會爭先恐後的去努力工作。當然，如何指導他們工作，不一定由你親自去完成。

　　對有能力的人則應有更嚴格的要求，有能力的人都有一種不服輸的性格。「請將不如激將」，如果你只是一味的鼓勵，反而是基本上的瞧不起他。要「鞭打快牛」就是這個道理。對於快牛會越打越快，壓力很容易對他產生動力，他的心中永遠覺得，他應該做得更好。

而如果將這種方法針對於第一種情況，就會有些不妙了，似乎有些強人所難。「鞭子」落在慢牛、病牛、饞牛身上，往往不如在鼻子前掛一把嫩草，並牽到正路上，牛便會賣力的奔跑。

不同的人應施予不同的方法，不同的招式，切不可模式化。因為你所面對的是有七情六慾、感情豐富的人而非機器，要知人善任。

對人才不求全責備

在用人上過度追求完美，求全責備是有問題的。尤其是在這個有中庸傳統的社會。

一位優秀的老闆，假如把每個下屬所擅長的方面有機的組織起來，就會給組織的發展帶來整體效應。換句話說，高明的老闆會趨吉避凶，用人之長，避人之短，如此一來，則人人可用，事業興旺，無往而不利！

在一個人的身上，有長處也有短處，用人就要用其長而不責備其短處。對偏才來說，更應當捨棄他的不足之處而用他的長處。

一個工程師在開發新產品上也許會卓有成就，但他並不一定適合當一名推銷員；反之，一個成功的推銷員在產品促銷上可能會很有一套，但他對於如何開發新產品卻會一籌莫展。如果老闆在決定僱用一個人之前，能詳細的了解此人的專長，並確認這一專長確實是公司所需的話，就能發揮人才優勢，創造更大的價值。

所以說，世上最難的事沒有比識人更難了。每一個聰明的老闆都要精於辨識偏才造成的假象，而辨別使用他們。

對人才不求全責備

微軟之所以卓越，是因為擁有為數眾多的卓越人才，而人才的彙集，又是因為老闆有卓越的用人理念。微軟喜歡開放型人才，他們從不需要那種只會說「Yes」或「No」的人。他們知道，凡是固定的、限制的見解，都是對公司有百害而無一利的。所以，微軟從不限制人才的思維和想像力。這種對人才思想的尊重，充分展現在微軟的面試中。微軟的面試題不但離奇，而且通常都沒有確定的答案。比如：微軟的主考官可能會問：紐約有多少個公車站？面試者可以回答十個，也可以回答一千個，只要能解釋清楚自己的想法，說服主考官。這種不強迫人才屈從於老闆觀點的做法，使微軟的員工保持了自己的本色，而這正是微軟創新的靈感源泉。

人都有優點和缺點，在用人時必須堅持揚長避短的原則。用人，貴在善於發展、發揮人才之長。對其缺點的幫助教育，固然必要，但與前者相比應居於次。而且幫助教育的目的，也是使其短處變為長處。如果只看短處，則無一人可用；反之，若只看人長處，則無不可用之人。因此，在人才選拔上切不可斤斤計較人才的短處，而忽視去挖掘並有效的使用其長處。至於那些膽大藝高，才華非凡，但由於某種原因受人歧視、打擊，而有爭議的人物，主管更要力排眾議，態度鮮明，給予有力的支持。

趨吉避凶，用人所長，容忍下屬的不足之處，這是真正的用人之道！

老闆人在選拔人才的時候，務必要把握好取人之長的原則，這樣才能贏得公司發展所需要的人才資源。

第八種能力：極致用人智慧

■ 老闆用人時的六大心理效應

自始至終把人放在第一位，尊重員工是成功的關鍵。

1　月暈效應

所謂「月暈」，是指日光或月光透過雲層中的冰晶體時，經過折射而形成的環繞太陽或月亮的光環，故月暈效應又稱光環效應。在社會活動中，指一個人的突出特徵會像耀眼的光環一樣，給周圍的人留下深刻印象，使人們看不到或忽視這個人的其他行為，從而影響對這個人的整體評價，產生以偏概全、愛屋及烏的認識現象。若某人在一方面成績突出，便掩蓋了他的缺點；若某人在某些方面缺點突出，便掩蓋了他的優點。在用人問題上，月暈效應所帶來的副作用是，只看到某些人的長處，並將其優點放大，即使以後表現不好，也不以為然。這種形上學思維定勢，極大影響了人才的使用。

2　初始效應

是指第一印象往往左右和影響人們對該人或事物的看法。在實際生活中，這種先入為主的現象經常對人發生作用。無論什麼人，只要與他人首次相會，都會形成這樣或那樣的第一印象，人們通常會根據第一印象對他進行評價，而對以後的表現、變化、發展往往視而不見。這樣往往造成以貌取人和憑印象用人的錯誤。

初始效應使一些老闆過度的依賴經驗，用經驗去發現人才，選拔管理層。他們聽不進別人的意見，接受不了新生事物，而且用人視野狹隘。初始效應使一些老闆不能用運動和發展的觀點看問題，認為原來好

的現在一定好,原來差的現在一定差,原來犯過錯誤的一定不能再受重用。其結果是使許多真正的人才被埋沒,使事業受到損失。

3　時近效應

與初始效應相反,時近效應是指過多的依賴最近的表現,對人做出評價,而不考慮他的全部歷史和一貫表現的一種做法,犯了以偏概全的錯誤。時近效應的弊端是容易被別有用心、投機鑽營的人所利用,以一時的表現取得主管的好感,謀求個人的晉升和其他的實際利益。老闆要排除時近效應,要學會用歷史的、全面的、發展變化的觀點看人看事,要排除偶然性,避免把偶然性當成必然性,把暫時的表現當成穩定的素養。

要排除時近效應的副作用,最好的辦法是不要急於做出結論,讓時間來說明一切,這樣近也就變成了遠,時近效應的副作用就可以降到最低限度了。

4　刻板印象

刻板印象與初始效應、時近效應不同,它是在未見到對象時就形成一種不易改變的印象。如有的老闆頭腦中一直有一種看法,認為年輕人沒經驗,不可能挑大梁;也有的老闆在選人的時候,明確規定女性不予考慮等,這些根深蒂固的偏見,都是刻板印象造成。

刻板印象的要害是先入為主,觀念為主。老闆選人中要克服刻板印象,就要堅持唯物論,反對唯心論,要讓事實說話,讓事實證明印象、觀念是否正確。克服刻板印象的另一方法是少聽匯報,多看其人其事;少看檔案資料,多看實際成果。

5　馬太效應

所謂馬太效應，是指對已有相當知名度的人給予的榮譽越來越多，而對那些尚未出名的人則往往忽視他們的成績，或不承認，或貶低其價值，這是一種常見的不合理現象。馬太效應是由科學史研究學者羅伯特・莫頓在 1973 年首先提出的。之所以叫「馬太效應」，是因為《馬太福音》第二十五章中有這樣兩句話：「因為凡有的，還要加給他，叫他多餘。沒有的，連他所有的，也要奪過來。」

在社會上，馬太效應處處可見：老闆的眼睛只盯著少數人，所有的好處都給予了那些功成名就的人；而一些尚不知名的普通員工，儘管做出了相同或更好的成績，也得不到承認和重視，在老闆頭腦中想不到他們，因此無法脫穎而出。馬太效應所造成的危害，在尊重知識、尊重人才的今天，是相當嚴重的，影響了員工的積極性，扼制了人才的成長。老闆必須高度重視並加以改正。

6　投射效應

這是指人們往往有一種強烈的傾向：當他們不知道別人的情況時，就常常認為別人具有他們自己的特性。或者說，當人們需要判斷別人時，就往往將自己的特性「投射」給別人，想像其他人的特性也和自己一樣。這種投射效應是人們用來判斷別人，處理資訊的簡單方法。投射效應使得老闆在用人時，把自己的意見當成組織的看法，而不與其他人進行必要的溝通，導致個人說了算。要克服投射效應的最好方法是用人走群眾路線，傾聽群眾的意見，在團隊內發揚民主，嚴格選人程序。

老闆要克服用人上的偏見，就應該掌握這六個心理效應。

重用人才,避免姑息養奸

　　將合適的人請上車,不合適的人請下車。

　　1987年4月19日,韓國新聞媒介傳出特大新聞:汎洋集團的創始人兼董事長朴健碩跳樓自殺。消息傳出,漢城的大街小巷議論紛紛。人們大為詫異:擁有大小船隻84艘,資產額高達5,400萬美元,享有「韓國的歐納西斯」之稱的朴健碩為什麼會突然自殺了呢?

　　朴健碩出身富門之家,父親朴美洙乃韓國商界名人。朴健碩從漢城大學商學院畢業沒多久,便趕上韓國經濟的啟動時期。發展經濟需要大量石油,未來的石油銷售一定大有前途。看到這一點,朴健碩於1966年籌集鉅資,成立了汎洋商船海運公司,專門從事運油的買賣。1970年代海運業流傳著這樣一句話:只要往返美國一次,就可以賺回半條船。為此,朴健碩利用他父親的各種關係打通各個環節,並與當時執政的朴正熙政府建立密切連繫,先後取得了原油、化肥、煤炭和糧食等大宗貨物的運輸經營權。這些經營權的獲取使汎洋集團如虎添翼,實力猛增。短短十年,朴健碩便名列韓國三十大財團的第二十七位,汎洋集團也發展到創業以來的巔峰。然而好景不常,集團內部主要負責人韓相淵為謀私利,不擇手段,濫用職權,高層主管之間派系鬥爭激烈,汎洋集團從事業的巔峰跌向谷底。

　　韓相淵是朴健碩大學的同學。此人天資聰穎,分析能力過人,享有「電腦」的美譽,頗得朴健碩賞識。汎洋集團成立後,朴健碩便把韓相淵網羅進來,希望能共謀汎洋集團的發展。韓相淵從基層開始做起,對海運業的每項業務都了如指掌,對汎洋集團的內部狀況更是如數家珍。沒多久,他就成為朴健碩的左右手,不僅掌握著汎洋集團的經營大權,甚

第八種能力：極致用人智慧

至連朴健碩的家庭財務也由他負責。

然而，此人利慾薰心，居心叵測，他感到自己雖然大權在握，但仍是聽命於他人，僅僅是公司的經營者不是所有者，是在為別人工作，所以不如趁機先中飽私囊。1976年，他擔任汎洋海運公司資金調度及企劃部經理時，為了撈取一筆可觀的回扣，不顧公司當時的財務狀況，同時訂購了五艘散裝貨輪，造成公司虧損和資金周轉困難等問題。公司的高級職員都要求追究韓相淵的責任。韓相淵聞訊，便遞交辭呈躲到美國。韓相淵的離去使朴健碩感到失去了左右手，做什麼事都不順心。他幾次電召韓相淵速回公司。「小人得志便猖狂」，野心勃勃的韓相淵不僅沒有受到懲處，反而得到重用，就更加肆無忌憚的做起假公濟私的勾當。他利用海運業付款方式靈活的特點，不放過任何一次撈取油水的機會。1979年，韓相淵為取得回扣，以當時最高的價格買下了七艘舊貨輪；1980年，韓相淵在美國購買大型儲倉，準備介入煤炭的運輸和銷售。其目的是想讓他在美國的弟弟接管這項業務，以便賺取介紹費。後來，韓相淵還把手伸到套取外匯上來。韓國政府由於外債數額巨大，外匯管制非常嚴格，韓相淵便想法把朴健碩也拉下水，以公司在國外發展事業需要美元為由，套取外匯，共同在紐約開立帳戶，然後私分。

這一切在環境順利時還不易為人察覺，但進入1980年代，世界海運業陷入長期的低潮，這些問題便暴露無遺。這時，公司內許多職員對韓相淵以權謀私的行為已有察覺。其中八名中層幹部，搜集了大量韓相淵假公濟私，危害公司的第一手資料，呈到朴健碩面前，請求查處韓相淵。然而，這時朴健碩已被韓相淵拉下了水，有苦難言。這八個人不僅沒能觸動韓相淵的一根寒毛，反而給自己招惹了麻煩，最後只有憤憤辭職離開了汎洋集團。

韓相淵不顧一切的為個人撈油水，終於使汎洋集團在一片繁榮的假象背後漏洞百出，1980年代中期汎洋集團的財務狀況和經營狀況急劇惡化。而這時，朴健碩與韓相淵之間的關係開始破裂。

韓相淵真正掌握汎洋公司的全域後，一方面在公司內積極建立自己的派系勢力，一方面對舊日的一些主管人員採取報復行動。這些人不是被掃地出門，就是被調往其他部門，比如他安插親信展開調查，把上述八個人在公司內的同僚全部解僱。面對韓相淵咄咄逼人的氣勢和日益囂張的氣焰，朴健碩終於開始反擊，於是汎洋集團內部很快分裂為董事長派和老闆派兩大派系，而且雙方各有新舊政府做為後臺，爭鬥一時難見分曉。

1984年，韓國朝野盛傳要把所有經營赤字的海運業收為國有。為了共同的利益，他們暫時偃旗息鼓，想在政府接管之前再撈一筆。這樣一來，汎洋集團原已虧損的局面進一步惡化，負債額達到令人咋舌的100億韓元。然而這一傳聞是個謠言，韓國政府只提出對經營困難的海運公司提供各種幫助。這樣一來，原本暫時停息的戰火再度復燃。

1986年9月，朴健碩把在紐約分公司任經理的女婿金哲英召回總公司，讓他接管公司資金調度部門，以分化韓相淵的權力。韓相淵也毫不示弱，他發動公司職員，指責董事長不該在公司運轉困難、資金緊張的生死時刻重新走「家族式經營」的老路。1987年2月，韓相淵終於把金哲英趕出資金調度部。1987年3月，朴健碩拿出殺手鐧，勸韓相淵趁早讓位。事後，朴健碩四處活動，打算讓韓永遠退出汎洋集團，韓相淵氣憤之極，決心暗中報復朴健碩。他派人搜集各種相關資料，祕密策劃著倒朴行動。不久，他搶先向官方稅務當局揭示朴健碩逃稅和向國外轉移外匯的證據。朴健碩這時才知道東窗事發，於4月19日上午從公司第十層樓董事長室跳樓自殺。

第八種能力：極致用人智慧

汎洋事件的發生令韓國舉國震驚。據調查報告顯示：韓相淵和朴健碩兩人共套取外匯 1,644 萬美元，其中有 877 萬美元透過非法途徑流回韓國後，大部分由兩人瓜分；汎洋集團虛報的支出達 50 億韓元，逃稅總額達 110 億韓元，韓、朴兩人以他人名義匿報的財產金額不下 50 億韓元。這一系列的數字令韓國民眾目瞪口呆。

汎洋公司的毀滅給人深刻的鑑戒：

- 朴健碩的悲劇可以說最根本的原因是他任用了道德敗壞、利慾薰心的蛀蟲韓相淵。韓相淵雖然身懷經營絕技，但自始至終想到的是中飽私囊，不顧公司利益，大把撈取回扣，把公司交給此類人等於把糧倉交給老鼠們保管。
- 使汎洋集團走到顛覆的狀況，與董事長朴健碩立場不堅定，被韓相淵拉下水也有重要關係。如果朴健碩能夠站在公正的立場上，聽取其他人的意見，及早對韓的行為給予懲治，那麼韓也不可能在此大膽妄為。

■ 善用「減法」管理策略

老闆應該是做減法的角色；員工理應是做加法的角色。一加一減，自然形成落差，恰似山間瀑布流露的美感，無意之中彈奏出組織運行的美妙韻律。老闆越善做「減法」，下屬發揮能力的空間就越大。

1　思考，越來越直

老闆的一個好的思維方式，就是由表及裡，由面及點，不斷聚焦於一個堅定的方向，切入到目標的最核心部位，進行最直接的思考、判

斷，下結論，就像用手剝春筍，一層一層的往裡剝，直至露出最鮮嫩的筍尖。同樣，剛開始思考時可以兼顧各方面，但是，隨著思考加深，一點點往裡面鑽，就要越來越直接的抓住問題的節骨眼，有茅塞頓開、豁然開朗之感。

2　說話，越說越少

　　老闆的管理魅力，關鍵靠腦袋上那張嘴。在 IT 業中頗有名氣的金蝶公司，員工是這樣評價他們的老闆徐少春的：「近幾年來，他的脾氣越來越溫和，話說得越來越少了。」徐少春本人在回答記者問起的這件事時說：「確實，我說話越來越少。比如開會時，開頭說兩句，結束時再說兩句。而大部分時間則由大家在說。」老闆說話少了，至少可以說明兩層意思：一是老闆自己開始做更重要的事情，給員工讓出了更多空間，使組織自如運行；二是員工能夠自由的思考，自由的表達想法了。若使組織有效運行，最忌諱的就是老闆不分場合的滔滔不絕。

3　事情，越做越簡

　　老闆善於穿過複雜的沼澤地，走向簡單駕馭事物規律的彼岸。當辦公桌上文件堆積如山、電話鈴接連不斷、訪客絡繹不絕，老闆忙得不可開交的時候，其原因無非有二：一、做的內容不對，本不該自己做的卻在用心的做；二、做的方式不對，該是那樣做的，卻這樣來做了。不管怎樣，主管永遠要做最重要的事，決定正確的事，盡可能不斷的分出別人會做得更好的事，始終使自己的嘴、手、腳處在一個空閒的狀態，唯一不能空閒的就是自己的大腦，要像牛頓一樣連洗澡都在思考，哪怕是熟睡時。

第八種能力：極致用人智慧

當老闆氣定神閒的做「減法」的時候，員工一定會全神貫注、不亦樂乎的做「加法」，這樣的公司一定會安全有序的暢通運行。

投資人才培訓

培訓是最大的福利。

對於一個員工來說，培訓使他懂得如何做好工作，使他掌握目前和未來工作所需要的知識和技能，不斷適應新情況發展的需要，尤其能培養在新情況下創造性工作的能力。從更高的層次來看，培訓是對人的潛能進一步拓展，既對公司有利，也對該員工本人有利。具體來說，培訓員工有以下一些方法：

(1) 讓員工定期參加一些他們通常不參加的會議，如一般員工參加不熟悉的專業會議，會計師參加市場行銷和開發業務會等等，使每個員工都能得到一些有關其他同事工作的第一手資料，這將有助於開闊他們的眼界和心胸，增強互助協作精神。

(2) 在公司內或公司外組織「一個主意」俱樂部的活動，訓練員工的思維和觀察能力，養成動腦習慣。

(3) 行為模式訓練。即利用錄影機放映正確的行為表現，進行討論，明確正確的行為標準，進行人際關係相輔相成方面的訓練。

(4) 業務工作模擬訓練。即進行筆頭練習模擬，電子計算機模擬，學習和提高管理技能。

(5) 讓你的小組成員實地觀察你如何處理顧客批評，如何舉行正式報告會，怎樣到處走走看看等等，用你的風格去啟發他們，用你的素養去影響他們。

(6) 實行職位輪換制度,即讓員工定期到本職以外的部門或工作職位上任職,這種任命雖然是暫時的卻是真正的,也就是要求他們在任職期內要有看得見、摸得著的工作成果。

(7) 鼓勵員工登記入學,參加各種學校舉辦的繼續教育課程,參加公司內部的培訓課,並要確保不因為「離開本職工作學習」而使學習者蒙受任何間接的懲罰和損失。

(8) 舉辦由員工和公司老闆共同參加學習的課程和講座。

(9) 鼓勵員工積極爭取各種專業協會的成員資格。

(10) 鼓勵員工就自己的研究或工作項目在公司內外進行介紹或報告,尤其是向公司內其他部門和公司做介紹。

(11) 使員工樂於到各種臨時的跨部門專項工作小組去服務。

(12) 邀請本公司其他部門各級人員來與自己部門員工聚會,請他們談談需要給予哪些支持與合作,同時鼓勵他們邀請自己的人去訪問他們。

(13) 派出150名員工而不是兩三名代表,花上整整十天時間去參觀某個行業展覽。

(14) 邀請本公司其他部門或外公司,如用戶公司或供應方公司的人到你所在的部門工作一段時間。

(15) 任務培訓。即在受訓人之間實行類似於「上司對下級評價」和「下級對上司評語的反應」等訓練,以增加入際關係的經驗。

(16) 新雇員訓練。即對新員工進行多方面實際訓練,目的在於強調實習安全和掌握知識、技術,不在於生產數量的多寡。

有人如此評價卡內基訓練:「學會和掌握卡內基訓練,對你培訓有素養的員工非常有效。」美國紡織界的鉅子密立根公司有這麼一條規定:

第八種能力：極致用人智慧

除非你接受卡內基訓練，否則別想升遷。卡內基訓練主要包括六個方面的內容：

(1) 給予他人真正的讚揚。受訓者應學會在十五秒鐘的時間內說出對一個人的欣賞之處，而又絕非奉承。

(2) 真正的關心他人。受訓者應該像迪士尼樂園的員工那樣，必須記住每個人的名字，學會鼓勵他人多發表意見，並採取行動。

(3) 不批評，不責備，不抱怨。受訓者應學會避免批評、責備和抱怨。在卡內基看來，批評通常勞而無功，因為批評會逼人辯解，為自己找理由辯護。

(4) 幫助管理人進行管理。受訓者應學會突破自己，幫助管理人改進業務，清除部門障礙。

(5) 學會用別人的角度看問題，受訓者要將心比心，站在他人的位置去考慮問題。

(6) 培養決斷力，無論是老闆，還是員工，都需要決斷力，故受訓者需要在各種模擬的條件下，做出自己的判斷和處理。

除此之外，西方公司中還有一些值得借鑑的方法：

- 閱讀資料。即讓受訓人閱讀一些相關的資料。
- 案例討論。以小組形式進行實地或假設案例分析討論。
- 會議或講座形式。成立小組對某些專門問題進行討論，請專人講述相關題材方面的內容。
- 在職培訓。由有經驗的人作指導，在工作中提高。
- 自學。即有目的的編寫公司的講義讓其自學。
- 敏感性訓練。著重進行互相尊重、社交聯絡和對小組工作了解等方面的訓練。

對於老闆而言，培養出有才幹的員工乃是他所期望的事，也是身為老闆的職責所在。其實，公司之所以要教育新進人員，最終的目標在於盡早培養出專業人才。

第八種能力：極致用人智慧

第九種能力：人脈決定財路

第九種能力：人脈決定財路

■ 編織和諧融洽的人脈網

　　這個世界不是屬有權人的，也不是屬有錢人的，而是屬有心人的，因為有心才能創造財富、積聚權力。

　　關於人際關係或者社會關係在一個人一生中有哪些作用，有許多至理名言可以告訴你這個道理。比如我們常說的「朋友多了路好走」、「在家靠父母，出門靠朋友」等等諸如此類的話可以說不知道有多少。這些至理名言儘管說法不同，但其內涵卻都是相同的。如果用在成功經營方面，那麼這些至理名言的含義就是如果在經營時能擁有良好的社會關係基礎，那麼經營就會事半功倍，憑藉良好的社會關係和人際關係在經營的時候就會有很多人來幫助我們，向我們伸出援助之手，使我們早日到達成功的彼岸。

　　相反來說，假如我們在經營一家公司時，沒有儲備良好的社會關係，那麼，我們在經營的時候就會比別人付出更多的勞動。甚至會有許多莫名其妙的社會勢力和我們做對，阻礙我們的經營步伐，使我們做什麼事都變得很艱難。

　　現在我們就不難理解，為什麼過去每一個成功的人都有一本又一本的名片冊，它裡面儲存著豐富的社會資源。它就是眾多成功人士走向成功，開啟成功大門的入場券。

　　懂得了儲存社會關係的重要性，下面我們就談一談儲備社會關係的方法和原則。儲備社會關係的方法各式各樣，並且因人而異，但基本的方法與原則卻是人人適用的。

1　多團結人，不可輕易樹敵

　　這就是說在與人的交往的過程中你可能會碰到各種類型的人。在這各種類型的人中肯定有你喜歡的人，也有你不喜歡的人。對於你喜歡的人，交往親近起來非常容易，團結這些人並不難。問題的關鍵是你要能和你不喜歡的人建立良好關係則比較困難，那麼，如何和你不喜歡的人建立良好的人際關係呢？你可以這樣來做，首先盡量挖掘你不喜歡的人的優點，盡量用包容的心態對待他的缺點，如果你能做到這些，你也許就能與你不喜歡的人結為朋友。但有些人身上缺點和毛病太多，你無論如何也找不出他的優點，或無法包容他的缺點。對待這種人，你實在無法與他交往，你就要學會喜怒不形於色，做到不當面指責或指出他的毛病，不和他爭吵，不發生正面衝突。這樣做就不至於使這些人成為你的敵人，一旦成為你的敵人，就會為你將來的經營製造很多不必要的麻煩。

2　多結交成功的人，遠離失敗者

　　有句古訓說得非常好：「近朱者赤，近墨者黑。」我們之所以要多結交成功的人士，就是這些成功的人比我們優秀，我們可以從他們身上學到很多有益的東西，他們的優秀特質時時刻刻都能使我們發現自我的缺點，他們可以成為我們一個很好的學習榜樣，他們成功的事例能不斷的激勵我們進步，如果我們和這些成功者關係非常好的話，這些人還會伸出友誼之手在關鍵的時候教我們一招或者拉我們一把，總之，和這些人交往有利無弊。

3　多與社會名流建立關係

　　社會名流都是社會上有影響力的人，這些人個個神通廣大，社會關係複雜，辦起事來容易，若能與這些人建立良好的個人關係，那麼就無異於為我們的創業如虎添翼。所以，能與這些人交往自然是一件很有益的事。

　　需要注意的是，社會名流往往都有他們固定的交際圈，一般人很難進入到他們的圈子裡，而老闆絕大多數在創業之前都沒有良好的社會背景，都是一些無名小輩，因此，結交這些人更是難上加難。但這並非沒有可能，我們可以從以下幾個方面入手和名流交往。比如在與名流交往前多了解與名流有關的資訊，託人引薦，多參加社會公益活動，多出入名流常常出沒的場所，這樣做，你就會有機會結交到這些社會名流。當然在結交這些社會名流時，還得注意給對方留下一個好的印象，千萬不要死纏爛打抓住不放，這樣做只能得到反效果。與這些人交往，要想透過一次的交往就建立良好的關係也是比較難的，應多製造一些機會，透過多次的接觸才能建立較為牢固的關係。

4　要多用禮，禮多人不怪

　　不管和什麼人交往都要注意禮節，這也是儲備人際關係時必須掌握的一個原則。當然和有身分的人交往這一點可能很容易就能做到，因為對方的權勢、地位、實力足以使你為之敬畏，不由得你不注重禮節。但很多人在交往時卻往往容易步入這樣一個盲點，即認為好朋友之間無須講禮節論客套。他們認為和朋友講禮節論客套就好像會傷害朋友的感情。其實，這種認識是非常錯誤的，他們並沒有意識到，朋友關係也是

一種人際關係，而任何人際關係之所以能夠存續下去的前提就是相互尊重，容不得半點的強求。禮節和客套雖然繁瑣，但卻是相互尊重的一種重要的形式。而離開了這種形式，朋友之間的關係也就難以存續。

要知道，即使是朋友，每個人都希望擁有自己的一片小天地，不講禮節客套就可能侵入到朋友的禁區，干擾到朋友的生活，如果這種情況出現得多了，自然就會傷害到朋友的情感，再好的關係也會因此而終結。因此，從這個意義上講，禮多人不怪的確是前人總結出來的一個生活真理，可以有效的防範我們出現交往錯誤，影響我們的經營。

明智的老闆，在創業之前，如果他已有意於從事某個行業，他就會盡自己的所能去結識這個行業裡的知名人士，虛心向這些知名人士或成功人士請教，聆聽他們的教誨，討要他們的名片，把這些作為重要的資源儲備起來，以便在將來發揮作用，幫助自己解決許多實際問題。

小禮物帶來大效用

在大陸做生意的方式和風格，可能還得有所改變，要更加靈活一點，更加善於跟社會各個階層打交道。

有句古話，叫做「千里送鵝毛，禮輕情義重。」可見禮物雖小，如果送到點子上了，照樣能給對方帶來良好的印象。老闆應該注意，若想編織自己牢固的人際關係網，巧妙送禮是不可忽略的。

老闆要成就事業離了關係是不行的，而無論是走關係還是跑關係都離不開一個「禮」字。我們來看看世界頂尖銷售大師喬・吉拉德是如何在生意場中讓禮物發揮最大作用的。

第九種能力：人脈決定財路

　　喬‧吉拉德的禮物充滿新意和人情味。有時候，喬‧吉拉德會鄭重其事的送給客戶一枚帶有棒球圖案的小徽章，上面刻著：「我愛你！」他也曾贈送一些心形的玩具氣球給他的客戶，並且說：「您會喜歡和吉拉德合作，對吧？」

　　人們大多喜歡別人對他們的孩子表示友好，所以喬‧吉拉德通常會趴在地板上說：「小朋友，你叫什麼名字？你好啊，強尼。你肯定是個乖孩子，對吧？啊！你手裡的小喜鵲可真漂亮！」然後，喬會讓強尼和自己一起爬回座位，而他的父母親正在一邊看著這一切！「強尼，我有些小禮物要送給你，猜猜看會是什麼？」說著，喬就從座位上的包包裡掏出一大把棒棒糖來。這時候，他會依然跪在地板上，把強尼帶到女主人身邊說：「強尼，這一支給你；其他的給媽媽，好不好？瞧，這裡還有一些氣球，讓爸爸替你保管，好不好？你真是個聽話的乖孩子。好了，我得和你爸爸、媽媽談事情了。」在這整個過程中，喬‧吉拉德都是雙膝著地，這就是吉拉德送的人情禮物，也是他促銷手段中的一種。顯然，客戶怎麼可能對一個願意和他的小孩一起跪在地上遊戲玩樂的人說「不」呢？

　　客戶或許想抽支菸，摸摸口袋卻發現已經抽完了。

　　「請稍等一下。」喬‧吉拉德會這樣說，並且很快從他的包包裡拿出十種不同牌子的香菸，「您想抽哪一種？」

　　「就要萬寶路吧！」

　　「那好，給您。」喬‧吉拉德會打開一盒萬寶路，遞一支給他，再幫他點菸，然後把剩下的全放進他的口袋裡。

　　「喬，真是謝謝你！我欠你的太多了。」

「千萬別這麼說。」喬回答道。

可是，喬‧吉拉德為什麼這麼做？就是要讓準客戶感到欠了他的人情！

實際上，喬‧吉拉德的那些人情小禮物和那種巨富比起來，只能算是小巫見大巫。譬如，一些有錢人一擲千金，就為了一張足球賽或拳擊錦標賽的門票！也許最闊綽大方的例子應該是拉斯維加斯的賭場老闆們。他們的附贈小禮品是什麼？是一張張頭等艙的往返機票；一套高級豪華的服裝；一頓頓讓人大開眼界的佳餚美味。一句話，客人們想要什麼就有什麼。他們把送禮當成一門「科學」來認真對待。而客人們感到體面榮光的同時，自然會掏錢購買許多的籌碼，興致勃勃的擲下骰子。另一方面，賭場從客人們身上賺回的錢卻是付出的許多倍。

一般說來，人情禮物應當相對的便宜一些，否則的話，你的生意夥伴會覺得像是收了什麼賄賂。禮物太昂貴，生意夥伴有可能認為你想收買他。

與人打交道時的小禮物能讓別人感到溫馨和誠意，讓經營時時刻刻都充滿人情味，送得恰到好處的時候，還能給你帶來意想不到的收穫。

多贊助公益事業

企業家是影響社會，創造財富，透過為社會創造價值，來影響這個社會，賺錢是一個企業家的基本技能，而不是你的所有技能。

公司向大眾提供物資或金錢的幫助，是公司贊助公益事業的常用技術之一。它可以展現公司的社會責任感，爭取大眾的認同與支持，有利

於樹立良好的公司形象。對於公司來說，這也是一種較好的促銷手段。提供社會贊助可以採取多種形式，主要包括：

- 贊助體育活動，這是最常見的形式，具體包括承擔運動隊經費、贊助比賽等。
- 贊助文化藝術活動，如贊助文藝團體、文藝演出、節目製作等，這也是常用的、效果明顯的贊助形式。
- 贊助教育事業，這是有利於公司長遠發展的形式，如向學校提供部分經費或設立獎學金、贈送圖書、教學儀器，出資修建教學設施等。
- 贊助出版物的製作。
- 贊助展覽等專題活動。
- 贊助社會慈善和福利、環保等。
- 贊助學術研究活動。
- 贊助救災和其他社會活動。

提供社會贊助應本著雙方受益的原則，結合公關活動來進行，並要注重資訊傳播，恰當選擇贊助對象，使贊助活動有利於提高公司的知名度和美譽度，爭取較好的社會效果。

提供社會贊助要講究一定的技巧，如：

- 成立贊助委員會、集體決策，既可以避免個人決策的片面性，也有利於抵制不合理的徵募者。
- 集中多個分公司的財力建立一筆慈善基金，並將其投入公司總部所在地的公益福利事業中。

- 投人某團體一筆資金，建立新的基金會。
- 集體捐助某一敏感事物，也會收到意想不到的效果。
- 贊助兒童教育事業，為組織的長遠發展奠定基礎。
- 公司最好集體捐助。

公司支持公益事業，不僅僅是一種付出，同時也能得到回報。贊助公益事業，是公司樹立良好形象的好時機。

維持良好股東關係

公司與股東，正如流與源。源頭越多，河水就越多；一旦源頭沒有了，河水也就會乾涸。公司只有拜好「財神」，才能廣開財源。

常言說「創業難，守業更難」。如果公司現有的股東出現了拋售或者轉讓股票與債券的行為，就是公司內部自亂陣腳，更談不上吸引新股東了。因此，需要堅定股東的信心，加強與股東的資訊溝通是最為有效的辦法。股東並不能完全了解其投資公司的具體業務狀況，當公司身處逆境時，許多股東就不知如何是好了。所以公司公關部門應加強與股東間的資訊溝通。公司公關部門應經常的主動的向股東提供他們想知道的有興趣的資料。股東作為公司的投資者，他們對公司的關心也是對其所投資金的關心。股東與公司是一種「投資──分利」的關係，而股東感興趣的問題也是緊緊圍繞這個關係展開的。公司應如實向股東提供有關公司生產經營的資訊，絕不能只報喜不報憂。若對於公司中存在的問題進行掩蓋，長此以往，勢必喪失股東對公司的信任。

公司與股東溝通訊息的方式可以是多種多樣的，如：

第九種能力：人脈決定財路

- 編制年度報告。這是公司處理股東關係最重要的工作。它逐漸成為發給員工、顧客和新聞媒體的重要參考資料，受到主管的重視。
- 召開股東大會。股東年會是股東的「審判日」，是公司與股東直接溝通的重要方式。這種方式的優點就在均可以與股東有直接的接觸，易於交換意見。
- 信函往來。這是與股東交換意見，聯絡感情的一種好方法，既可以與較近的股東溝通，也可以與較遠的股東溝通。
- 召開臨時會議。可用於公司的週年週年慶典等，對重大問題進行決策。

要與股東建立良好的關係，除了與股東進行溝通之外，還要尊重股東的優越感，以公正平等的態度對待股東。股東作為公司的投資者，無論投資多少，都是公司的「老闆」，其優越感是比較強的。公司的公關人員就要充分尊重股東的這種優越感，不可完全用經濟的眼光看待股東，更不能把股東與公司的關係看成是單純的「投資－分利」關係。要讓股東在公司中感到親切，讓他們感到自己與公司是休戚相關的。

公司對股東要一視同仁，無論股東出資多少，都是公司的「財源」，公司對股東，不可厚此薄彼，讓人覺得認錢不認人。

與不喜歡的人打交道的技巧

一個人應該把自己的心胸打開，好聽的聲音要接受，不好聽的應該當做良藥。

在商業交往過程中，你會與形形色色的人打交道，在這些人中，難

免會有你不喜歡的人，你要學會與不喜歡的人相處。

當遇到與我們意見不一致的人時，應該怎麼做呢？

哈蒙曾被譽為全世界最偉大的礦產工程師，他從著名的耶魯大學畢業後，又在德國佛萊堡攻讀了三年。畢業回國後他去找美國西部礦業主哈斯托。哈斯托是個脾氣執拗、注重實踐的人，他不太信任那些文質彬彬的專講理論的礦務工程技術人員。

當哈蒙向哈斯托求職時，哈斯托說：「我不喜歡你的理由就是因為你在佛萊堡做過研究，我想你的腦子裡一定裝滿了一大堆傻子一樣的理論。因此，我不打算聘用你。」

於是，哈蒙假裝膽怯，對哈斯托說道：「如果你不告訴我的父親，我將告訴你一句實話。」哈斯托表示他可以守約。哈蒙便說道：「其實在佛萊堡時，我一點學問也沒有學回來，我盡顧著實地工作，多賺點錢，多累積點實際經驗了。」

哈斯托立即哈哈大笑，連忙說：「好！這很好！我就需要你這樣的人，那麼，你明天就來上班吧！」

在有些情況下，別人所爭論不休的論點，對自己來講反而不那麼重要。比如：哈蒙從哈斯托口中得來的偏見，這時，我們所需要的不是去斤斤計較，而是尊重他的意見，維護他的「自尊心」而已。

敏銳的人在對付反對意見時常常盡量使自己做些「小讓步」。每當一個爭執發生的時候，他們總是在心裡盤算著：關於這一點能否做一些讓步而不損害大局呢？因此，無論在什麼時候，應付別人反對的唯一的好方法，就是在小的地方讓步，以保證大方面取勝。另外，在有些場合，應該將你的意見暫時完全收回一下。

第九種能力：人脈決定財路

在洛克斐勒的軼事中，曾有一位不速之客突然闖入他的辦公室，並以拳頭猛擊桌面，大發雷霆：「洛克斐勒，我十分恨你！我有絕對的理由恨你！」接著那暴客恣意謾罵他達十分鐘之久。辦公室所有職員都感到無比氣憤，以為洛克斐勒一定會拾起墨水瓶向他擲去，或是吩咐保安將他趕出去。然而，出乎意料的是，洛克斐勒並沒有這樣做。他停下手中的工作，用和善的神氣注視著這一位攻擊者，那人越暴躁，他便顯得越和善！

那無理之徒被弄得莫名其妙，他漸漸的平息下來。因為一個人發怒時，遭不到反擊，他是堅持不了多久的。於是，他咽了一口氣。他是做好了來此與洛克斐勒抗爭的，並想好了洛克斐勒將要怎樣回擊他，他再用想好的話語去反駁。但是，洛克斐勒就是不開口，所以他不知如何是好了。

最後，他在洛克斐勒的桌子上敲了幾下，仍然得不到回應，只得索然無味的離去。洛克斐勒呢？就像根本沒發生任何事一樣，重新拿起筆，繼續他的工作。

不理睬他人對自己的無禮攻擊，便是給他最嚴厲的迎頭痛擊！成功的商人每戰必勝的原因，就是當對手急不可耐時，他們依然故我，顯得相當冷靜與沉著。

當然，如果你真的不幸遇上了非常討厭的傢伙，在涉及原則性的問題上，建議你還是向下文中的林肯總統學習。

有一次，林肯的辦公室突然闖進一位來求職的人，這人連日來訪已有幾個星期了。他來後照樣提出了老問題，要求總統給他一個職位。林肯總統說：「親愛的朋友，這是沒有用的。我已經說過了，我不能給你那個職位。我想你還不如立刻回去的好。」

那人聽了以後變得惱羞成怒，很不客氣的大聲說：「那麼，總統先生，我知道你是不肯幫我忙的！」眾所皆知，林肯總統的良好修養與忍

耐力是著名的，但此時他真的無法再忍受了。他對那人注視良久，然後從容的從椅子上站起來，走到那人的身邊，一把揪住他的衣領，拉到門外，然後重重的將門關上。

那人又推開門，大聲吼道：「把證書還給我！」林肯從桌子上拿了他的文件，走到門口，猛一擲，再次把門關上，回到原位。對此事的處理，總統在當時以及事後始終沒有說一句話。

作為一個極為謙和的一國之首，在必要的時候終於生氣了。因為此人確實是個無賴，根本不值得林肯運用其他的策略。但凡領袖人物，無一不精通全盤策略。明槍暗箭、冷嘲熱諷，甚至在一定的狀態下動武，無所不能。他們知道每個將才在必要的時候應該有自衛的舉動，必須挺身而出。創業經商的人也一樣，遇到那些不可理喻而又十分討厭的人，我們不必一味的忍，必要時也要採取一定的手段。

學會和不喜歡的人相處，是一種技巧。人的某種本能趨勢就是與自己喜歡、欣賞的人靠近，同樣也就遠遠的躲開那些自己不喜歡、不願意打交道的人。然而，生活中沒有那麼多的隨心所欲，由於各式各樣的原因，我們經常要與自己不喜歡的人，甚至是與自己相敵對的人打交道，這就需要用到一些技巧，那就是用真誠的態度對待每一個人，包括你不喜歡的人。

結交各類益友

從每個人身上找到各種機會，不斷學習，從而反過來影響別人。

廣泛交友，同心同德，和平共處，是所有成功的老闆的共同特徵。而談到兄弟般的友誼，則是男性交往中最親密的形式。它經受了嚴峻的

第九種能力：人脈決定財路

考驗之後，便有著堅實的基礎。它具有親密的父子之情和友愛的同胞之誼。任何一方都可以己之長，對另一方進行不客氣的指導和批評，也由衷的為對方的進步和成功而歡欣鼓舞。當一方感覺不適，舉止失當，或感情脆弱時，另一方馬上給予同情、忠告和鼓勵。無論在物質上，還是在精神上，知己朋友都能夠同甘共苦。朋友之間不存在任何形式的競爭，一個人的成功，就是兩個人的勝利。

當今為人者既要廣泛交友，又要謹慎選擇。如何做到這一點呢？略小節，取其大，就是不斤斤計較小節，而要從大處著眼。看人首先看大節，不是盯住對方的缺點錯誤不放，而是用發展的、變化的觀點看人。如果不能略其小，取其大，就不能與人為善，也就不能全面的客觀的評價一個人。就可能一葉障目，不識泰山，就可能把朋友推開，就可能得不到真正的友誼。

「兼聽則明，偏信則暗」，結交各式各樣的朋友，對於取長補短，開闊視野。活躍思維，都是有益的。

唐代畫家吳道子出身貧寒，後被唐明皇召入宮中做供奉，與將軍裴曼、長史張旭結交為友。在洛陽，裴曼請吳道子到天宮寺作畫，並厚贈與金帛，吳道子婉言謝絕，只求觀賞裴曼的劍術。於是裴曼拔劍起舞，吳道子「觀其壯氣」奮力揮毫，寫出了絕妙的草書。這真是他山之石，可以攻玉。廣泛結交不同身分、不同職業、不同愛好的朋友，有時也能相得益彰。

朋友間不應以金錢財物為重，而要以道義相交、氣味相投、志趣相通為重。朋友間還應拋棄庸俗的惡習，不要把友誼沉浸在利己主義的深淵中。讓友誼的春風掃蕩掉那些陰霾汙濁之氣，將清新自然之氣吸進每個人的心田。

經營企業就是經營關係

公司與社區的睦鄰關係是公司生存和發展的根本保障,是公司生產經營活動的客觀需要,也是社區繁榮穩定的可靠支柱。社區是公司賴以生存、發展的土壤,而公司也可為社區做出貢獻與幫助,促進社區的發展。所以,公司與社區之間唯有互惠互利、結成睦鄰關係,方能共同發展,共創美好前景。

公司必須妥善的處理社區關係,並在以下幾點下工夫:

1 個人溝通

這是非常重要的一環,一通百通,一言能解萬條愁。社區之間能建立一種協商的穩定機制,可以達到相互體諒,化解各種矛盾,防患於未然之目的。對此,公司應專人負責,並充分利用社區舉辦的各種集會活動進行宣傳。此外,更主要的是利用個人溝通來了解社區居民的工作、家庭和鄰近地區的情況。事實上,這種溝通活動是由人直接進行的,其媒介即是語言。

2 做好環保

主要指公司造成的社會公害問題,公司的存在應造福於民,為改進人們的社會文化生活提供服務。這點已經得到了公司與大眾的廣泛認同,否則它將被社區大眾所不容。

3　開放設施

開放公司裡的醫療設備、運動場和游泳池等衛生保健設備，同時對外舉辦展覽會、電影、錄影等。不過，僅靠開放設施並不能取得良好的效果，因為社區居民知道這些設施都為公司所有，而且開放設施很可能是出於居民的要求和社區建設的觀點考慮而實施的。因此，一定要有「歡迎各位利用」的標誌存在。這類性質的工作必須委任休閒娛樂指導者擔任，才能取得好的效果。

4　捐贈行為

負擔醫療、教育設施，贊助養老院、身心障礙者福利、修橋鋪路等社會公益性捐助活動。同時在社區中出現的特殊情況，如火災、車禍、急病、失竊時，為居民提供應急支援。透過這些舉動，爭取社區大眾的信任和喜愛。

5　美化環境

透過美化公司內部及周邊環境，給社區居民以視覺上的享受，樹立好公司作為社區「綠色使者」的作用。

6　維護安全

公司對社區安全有義不容辭的責任，該出錢就出錢，該出人就出人，從而樹立起社區「守夜人」的形象。

如果公司與社區的關係處理不好，每天都會有煩惱之事困擾公司，稍有不慎，就會引發公司與社區之間的衝突或矛盾。

與媒體保持良好關係

媒體與公司相互依賴。

一般經商做老闆的人都很少與新聞界打交道，但如果你的生意做大了，或做出了突出貢獻，那麼，就一定有媒體記者來採訪你。任何一個經商者如果忽視了電視、廣播和報紙在未來事件和大眾形象中的影響作用，那無疑是錯失了將公司茁壯的最好機遇。新聞媒體可以幫助你在競爭中脫穎而出，他們也可能把那些暴發戶一下子變成你和你的同行都得認真對待的競爭對手。要是撞到記者的「槍口」上，讓他覺得下次應該把你或你的機構作為「大壞蛋」曝光的話，那結果可就不妙了。因此，任何一個老闆，都應重視做好與新聞媒體之間的關係。那麼，如何與新聞媒體打交道呢？

◆ 要明白，他們的盤子裡也許已經盛了很多菜

只有那些和新聞媒體打交道經驗很少的人，才會期望那些編輯、記者們放下手中所有的事，只來關心自己這一件事。除非你是個超級明星，或者是位重要的政商人物，否則記者給你的時間總是很有限。

◆ 不要發表過度的言辭

記者──往往是極為敏感的一群人。如果你講的話站不住腳，或者給人留下的印象，是你想把一個純粹新聞素材變成一條有償商業資訊，那你或者會被打斷，或者會受到猛烈的攻擊。是的，你是有一些資訊想讓人了解，但是記者也有自己的工作要做。如果讓人覺得你像是個賣二手車的，對記者所追求的角度和要求的形式，不去努力適應的話，就不必奇怪自己沒有得到想像的那種關注，或者沒有得到自己想像的那麼長時間的鏡頭。

第九種能力：人脈決定財路

◆ 新聞媒體往往是連鎖性的，報導會帶來更多的報導

別的新聞機構對你的故事越關注，你就越容易使任何一家報紙相信，你提供的是一條重要的、及時的新聞。但是你必須動作迅速，在你的新聞材料中還要強調，最重要的電視臺和出版物曾報導過你的消息。

◆ 過分受到新聞媒體的注意，並不見得總是好事

記者們是一群憤世嫉俗的人，並不是因為他們不如其他人敏感，而是因為他們從長期的苦澀經驗了解到，和他們打交道的很多人感興趣的是隱瞞重要事實，只講部分事情。揭發這些人的老底有兩個好處：它讓記者更加感覺到自己做的工作是有效的和道德的，而且它還能提供一些有趣的、戲劇性的素材來填充報紙的版面和電視的節目。所以，絕對有必要向你接觸的任何記者表明，你不是壞人！要做到這一點，你可以用一種公正的，不偏不倚的態度來談論問題，有時可以承認差錯和疏忽，強調你很關注一般市民所關心的事情。

◆ 一個好的「釣鉤」應該能用一兩句話就說明白

如果你得用多於一個長句或兩個短句的話才能讓人理解你的「中心思想」，那你還得再下點工夫。一個能吸引人的故事，應該能一下子有力的把讀者或聽眾的注意力，引向某種讓人立刻就能發生興趣的東西，這種東西或者關係到直接的利益，或者有不同平常的本質，或兩者兼備。如果你試圖贏得媒體注意的努力成效甚微或毫無功效，那可能是因為你所傳達的東西缺少有力吸引人的地方，不能刺激新聞媒體把它變成重要報導。如果你試圖讓新聞媒體報導你的機構，那麼確定宣傳中內在的引人之處就是你的責任，而不關記者的事。

◆ 採取合作的態度

與傳媒建立良好的關係要花時間和精力,但是一旦建立,受益無窮。如果記者來找你要新聞,向他們提供線索,努力幫助他們。有朝一日你可能需要他們的幫助。現實中經常會出現報導失真的情況,原因在於當事人沒有花時間解釋自己的真正想法。如果你的話被引用錯了,首先與記者聯絡,友好的與他們討論這個問題,不要對記者說該如何寫。如果你怒氣沖沖的闖進編輯室,你將失去記者的尊重和友誼。

◆ 有效的對付傳媒的猜測

有這樣一個故事:在某國家公園裡成千隻鳥被毒死了。新聞傳媒用大字標題和情緒激昂的文章對這一醜聞大加批評,引起大眾一片喧嘩。

負責噴灑殺蟲劑的部門立即向報界發表聲明,承認犯了錯誤,用錯了殺蟲劑。他們解釋了這種情況如何發生的,打算採取什麼措施,保證不再重蹈覆轍。他們對事實真相的及時說明使令人尷尬的爆炸局面緩和下來,不致進一步臭名遠揚。

此由,及時說明事實可以減少批評,制止謠言。

做錯了事,就該承認。不要怕說「我們犯了錯」,你的誠實會使大多數怒氣沖天的批評者消除氣惱。及時公布你將採取的行動,等到彌補過錯之後再作一次說明。

現代社會可以說是一個媒體社會,經商應該多和媒體打交道,發揮它們的「喉舌」作用,為自己造名造勢,這樣可以把你的牌子打出去,讓更多的人成為產品的客戶。

第九種能力：人脈決定財路

■ 與金融機構建立連繫

金融單位也是公司，也是做生意的。只要你有膽量和魄力，儘管可以根據自己的需求去與他們做生意，談條件。對於已經上市的金融單位，你甚至可以入股。

外部資金是公司維持和擴大再生產不可能缺少的條件。既然一個公司的發展和規模壯大依賴外部資金的程度這麼高，我們就必須著手去解決外部資金問題，取得外部資金，那必須透過銀行信貸而獲得信貸資金。這就不可避免的要與金融界打交道，想辦法取得金融界的有力支持，獲取公司發展所需資金。這樣，公司的生產經營活動才能正常運轉，公司的生產規模才能更好的壯大起來。如果公司與金融界的交道打不好的話，對公司發展所起的負面影響是不可估量的。與金融界打交道時，需要注意以下幾點問題：

1　恪守信譽

在世界的其他一些國家，講究信譽對金融界來講也是重要的。公司在與金融界打交道中，在恪守信譽這一問題千萬含糊不得，稍微含糊，會使你在此之前所付出的任何努力都將成為徒勞。因此，公司在向銀行貸款時，一定要對自己的按期償還能力以及也許會出現的變化因素作充分的估計，以便使自己更好的做到「恪守信譽」這一點。如果對於金融界來說，公司因種種原因多次失信，那麼金融界將會失去與公司業務往來的基本信心與興趣。相反，如果公司能夠堅持做到恪守信譽，事情就不會出現那麼令人消極的一面，公司與金融界的關係將會變得更融洽。因為金融界很清楚知道，自己只有把錢貸出去才能獲取利潤。自然金融

界只想把錢貸放到安全可靠的地方。如果它面對的是一個恪守信譽的公司，那麼該公司是很容易獲得其所急需資金的，而且還能夠享受到種種優惠。由此可以看出，公司與金融界打交道時，恪守信譽很重要。

2　讓金融單位有安全感

我們不能忽視這樣一點：金融界也是經濟實體，它是很講究實惠的。當公司向銀行提出有關貸款申請時，一定把這筆錢用到哪裡，將來會產生怎麼樣的經濟效益向金融界講明白。在這樣做時，要特別注意方法問題，能讓金融界切實了解到你的投入定能得到很好的報酬，由此認為，償還貸款是絕對沒有什麼問題的。

3　經常與金融界保持聯絡

當公司得到了金融界的貸款之後，應該經常、及時的向金融界相關方面通報資訊，定期向他們匯報產業專案的進展情況、資金怎樣周轉的情況。當他們來到公司檢查相關情況時，千萬要熱情周到的接待，主動呈報、公布所有相關資料，積極配合他們完成檢查。公司只有這樣做，才能長期而且有效的與金融界保持聯絡，而金融界也會更有興趣與信心和公司合作。但有一些公司卻不這樣做，當他得到了貸款後，馬上由笑臉轉變成冷漠的臉，認為現在是金融界求他了，這樣做無非是斷了自己的後路。

與金融單位打交道，最重要的是取得信用，讓他覺得投資在你身上的錢可以收回。很多人覺得與金融單位打交道手續太過繁瑣，而且比較難以取得對方的信任，事實上，只要你按照上面所說的去做，那你就會發現，這並不是什麼難事。

第九種能力：人脈決定財路

■ 與同行大老闆結交

毫無疑問，能夠接近事業有成的大老闆是每個處在起步階段或者事業小有成就階段的老闆所夢寐以求的事情，但大老闆都不會自己主動找上門來，需要你用點「心機」去主動接近他們，這樣才能更容易得到他們的提攜和指點。

事業有成的大老闆普通人見一面都比較難，能夠得到他們的指點和幫助便是每個事業還不是那麼發達的老闆夢寐以求的事情了。有「股神」之譽的世界第二富豪巴菲特便有這樣的一個生財之道，只要你付得起七十多萬美元，你便能和這位傳奇富豪共進一次晚餐並聊上幾個小時，能夠得到他的指點和解惑。花幾十萬美元和一個人聊會天，這種匪夷所思的事情竟然還真有人去嘗試。

可見，能夠得到大老闆的「言傳身教」是每個生意人的夢想，當然我們一般人無法花七十多萬美元去和巴菲特聊天，但是在我們的周圍，也有著不少的成功人士，他們依然是我們學習和效仿的榜樣。

人能否得到他人的提攜，是他事業是否成功的條件之一，大老闆由於已經取得了事業的成功，你如果能得到他們的幫助，就會為你省去許多前進道路上的崎嶇和曲折，更易讓自己的事業騰飛。下面是幾種與大老闆交往的常用方法：

1　必須掌握實力關係

大公司的大老闆或知名老闆是很難與一般老闆會面的，但是，若能與他們合作或與他們交上朋友那真是很榮幸也是很珍貴的，因為從他們那裡你會大開眼界，學到許多你平常學不到的東西。

要與大老闆交往,最基礎的工作就是要掌握大老闆的各種關係。

大老闆也是人,不是神,他有各種社會關係,有各式各樣的業務,也有各式各樣的喜好、性格特徵。特別是現代媒體,經常關注一些大老闆的情況,從中你定會了解一二。

人都有各式各樣的社會關係,大老闆亦如此。你可以從他的歷史上認識他,他的過去、他的經歷、他的長輩,也可以從他的親屬、他的朋友、他的子女那裡認識並了解他。

從業務上了解大老闆也是一條好途徑。他經營的範圍主要是哪些,次要是哪些,他的分公司、子公司分布在什麼地方,這些公司的經營者是誰,他多長時間會查看分公司、子公司等等。

也可以從興趣愛好上了解大老闆。他喜好什麼運動、什麼物品、什麼性格的人,他喜歡或經常參加什麼聚會,他休閒、娛樂的方式有哪些等等。

總之,要結交一個大老闆又沒有機會的時候,你不妨從以上幾方面去了解,總會發現一些機會的。

2　製造初次見面的氛圍

當你發現或者創造了與大老闆見面的機會後,最重要的便是如何製造一種特殊的會面氛圍。因為在眾多的人物當中,也許你本身就是芸芸眾生中的一員,說不定連話都跟大老闆說不上。

在選擇位置上,一定要選擇一個與大老闆盡可能靠近的位置,以便他能發現你,並且一有機會便可搭上關係。

同時,要以穿著表現自己的個性,因為與人第一次交往,別人往往

第九種能力：人脈決定財路

是從服飾上得來第一印象。著裝要表現個性、特色，使人一目了然。

要針對大老闆關注的事情予以刺激，要盡快發現對方關心注意何事，找到適當的話題，抓住對方的注意力，刺激對方對自己的興趣，話語要力求簡潔、有獨創性，使對方產生震撼，留下較為深刻的第一印象。

3　贏得大老闆青睞的方法

適當展示自己的能力是贏得大老闆青睞的重要方法。大老闆一般都喜才、愛才，如果你一貫表現出對他意見的贊同，不敢表現自己獨特的見解，他八成會反感你的。因此，適當表現自己的獨特才幹，是會受大老闆喜愛的。當然，你不能表現得太過鋒芒畢露，讓人一見就覺得有喧賓奪主之感。

別出心裁送禮品是聯絡大老闆情感的重要方式。這要針對大老闆的具體情況，不能千篇一律，不能委託他人。當然，不一定昂貴就是好禮品，要贈送，就要送他特別喜愛的禮物才是。同時在贈選方式上也要別出心裁，包裝樣式、贈送儀式都要顯得別具一格。有時，你不妨請他的太太代收，或許效果會特別的好。

寫信是交流、聯絡感情的好方式。隨著電訊事業的發展，電腦技術的開發，大部分人的聯絡方式都是透過手機APP、電腦社群等，很少再看見以書信方式交流了。其實，人人都希望有一位朋友悄悄跟自己說話，書信便是最好的方式。在書信裡你不必有過多顧慮，敞開心扉與之交流吧！也許，你只花幾分鐘，相當於和他交流幾小時。因為書信給人想像的空間很大很大。當然要注意，書信的字不能太潦草，也不能用印刷品，讓人覺得很不真誠。

好風憑藉力，送你上青雲，你辛辛苦苦奮鬥好久才得來的東西，或許那些大老闆一句話便能為你實現，所以你應該抓住機會，在適當的時候，讓大老闆在你成功的路上助你一臂之力，你將獲益匪淺。

第九種能力：人脈決定財路

第十種能力：練就犀利眼光

第十種能力：練就犀利眼光

■ 處處留心皆機會

純粹由於機會而發生的事情何其多也，事先我們甚至不敢抱以期望！

一個蘋果從樹上掉了下來，恰好掉在了牛頓的頭上，牛頓由此受到啟示，發明了萬有引力定律。

機遇就是這樣古怪，有時候你苦苦追求、苦苦思索，甚至你處心積慮、心機用盡，它也不一定出現；可是就在你已經不抱什麼希望，幾乎信心全無的時候，機遇卻不期而至，讓你頓時有一種柳暗花明之感。

捕捉機遇一定要處處留心，獨具慧眼。其實只要你仔細留心身邊的每一件小事，這每一件小事當中都可能蘊藏著相當的機會，成功的人絕不會放過每一件小事。他們對什麼事情都極其敏感，能夠從許多平凡的生活事件中發現很多成功的機遇。

有一次，日本索尼公司名譽董事長井琛大到理髮店去理髮，他一邊理髮一邊看電視，但由於他躺在理髮椅上，所以他看到的電視影像只能是反的。就在這時，他突然靈機——動。心想：「如果能製造出反畫面的電視機，那麼即使躺著也能從鏡子裡看到正常畫面的電視節目。」有了這些想法，他回到索尼公司之後就組織力量研發和生產了反畫面的電視機，並把自己研發出來的電視機推到市場上去銷售。果然這種電視機受到了理髮店、醫院等許多特殊用戶的普遍歡迎，因而取得了成功。這個事例給我們的啟示就是皇天不負苦心人，只要你能夠處處留心，那麼就有很多的機會在向你招手。

義大利人對足球的狂熱是人盡皆知的，但義大利人對足球的狂熱卻基本上衝擊了餐飲業。因為每到足球聯賽，特別是像世界盃這樣的足球

大賽到來的時候，成千上萬的球迷都閉門不出，端坐在電視機前觀看足球賽。因而，每到足球大賽到來的時候，眾多的餐飲業主都為生意的蕭條而一籌莫展，然而有一位餐飲業主開設的餐館的生意卻異常的客滿。那麼，這位老闆有什麼絕招呢？說來他的招數其實也很簡單，他不過只是在自己的餐館的角落，包括走廊、廁所都安裝上了電視機，以確保每位前來光顧的客人在任何一個角落都能夠看到精采熱鬧的球賽。

說穿了，這位老闆的成功，完全得益於他是一位生活當中的細心人。由於他的細心，他發現義大利人在球賽到來時不願意到餐館來的原因並，不是義大利人每到賽季就變得吝嗇而不願意花錢了，而真正的原因是因為義大利人深深的愛著足球，如果讓他們在美食和足球之間做出選擇，他們會毫不猶豫的選擇足球。要使顧客回到餐館就得有一個兩全其美的方法，因此，他才發明了用電視服務招攬顧客的方式，這一方法果然非常有效，使他取得了非常可觀的收入。這個事例再次說明，只要你是生活中的有心人，幸運之神就一定會過來和你擁抱。

處處留心皆機遇，要做生活當中的有心人是因為機會往往來得都很突然或者很偶然，只有留心、用心的人才有可能在機會來臨的一瞬間捕捉到它。

你也許會說，我整天都坐在果園裡，蘋果樹上的蘋果把我的頭都砸爛了，為什麼我就沒有發明出一個什麼定律？

的確如此，這就是你、我、他這些普通人和牛頓的區別。如果這世界上沒有牛頓，我們人類則有可能到現在還不知道萬有引力定律。所幸的是世界上卻出現了牛頓這樣的世界級科學家。從而為我們人類撥開了一團又一團的蒙在科學上的迷霧，使我們人類得以看見許許多多的光明。

第十種能力：練就犀利眼光

牛頓等成功人士為什麼就能捕捉到這些成功的機遇呢？他們與一般人都有什麼不同呢？

當然，要捕捉到成功的機遇需要一定的知識技能，這是不言而喻的。但若以知識而論，牛頓的物理學知識也許並不是最全面的、最權威的。相信肯定有很多人在知識技能方面超過了他們。那麼，他們到底憑什麼東西而捕捉到了這些成功的機遇呢？他們憑的就是他們那雙能夠發現機會的慧眼，他們的捕捉機遇的法寶就是處處留心，所以機遇之神才會一次又一次的光顧他們，光顧他們創造的家園。這也就是牛頓與一般人的區別之所在。

處處留心皆機遇，人生的機會可能會以多種方式降臨到我們面前。要捕捉它，你就得在平時練就一雙慧眼，養成從平凡的小事中尋找機遇的習慣，時時刻刻全身心的準備著去迎接、去擁抱每一次光顧你的幸運之神。

■ 冒險中捕捉商機

萬無一失意味著止步不前，那才是最大的危險。為了避險，才去冒險，避平庸無奇的險，值得。

J·P·摩根誕生於美國康乃狄克州哈特福的一個富商家庭。摩根家族西元1600年前後從英格蘭遷往美洲大陸。最初，摩根的祖父約瑟夫·摩根開了一家小小的咖啡館，累積了一定資金後，又開了一家大旅館，既炒股票，又參與保險業。可以說，約瑟夫·摩根是靠膽識起家的。一次，紐約發生大火，損失慘重。保險投資者驚慌失措，紛紛要求放棄自己的股份以求不再負擔火災保險費。約瑟夫橫下心買下了全部股份，然後，他把投

保手續費大大提高。他還清了紐約大火賠償金，信譽倍增，儘管他增加了投保手續費。投保者還是紛至沓來。這次火災，反使約瑟夫淨賺 15 萬美金。就是這些錢，奠定了摩根家族的基業。摩根的父親吉諾斯·S·摩根則以開店起家，後來他與銀行家皮鮑狄合夥，專門經營債券和股票生意。

　　生活在傳統的商人家族，經受著特殊的家庭氛圍與商業薰陶，摩根年輕時便敢想敢做，頗富商業冒險和投機精神。西元 1857 年，摩根從德哥廷根大學畢業，進入鄧肯商行工作。一次，他去古巴哈瓦那為商行採購魚蝦等海鮮歸來，途經新奧爾良碼頭時，他下船在碼頭一帶兜風，突然有一位陌生白人從後面拍了拍他的肩膀：「先生，想買咖啡嗎？我可以出半價。」

　　「半價？什麼咖啡？」摩根疑惑的盯著陌生人。

　　陌生人馬上自我介紹說：「我是一艘巴西貨船船長，為一位美國商人運來一船咖啡，可是貨到了，那位美國商人卻已破產了。這船咖啡只好在此拋錨……先生！您如果買下，等於幫我一個大忙，我情願半價出售。但有一條，必須現金交易。先生，我是看您像個生意人，才找您談的。」

　　摩根跟著巴西船長一道看了看咖啡，品質還不錯。一想到價錢如此便宜，摩根便毫不猶豫的決定以鄧肯商行的名義買下這船咖啡。然後，他興致勃勃的發出電報給鄧肯，可是鄧肯的回電是：「不准擅用公司名義！立即撤銷交易！」

　　摩根勃然大怒，不過他又覺得自己太冒險了，鄧肯商行畢竟不是他摩根家的。自此摩根便產生了一種強烈的願望，那就是開自己的公司，做自己想做的生意。

　　摩根無奈之下，只好求助於在倫敦的父親。吉諾斯回電同意他用自己倫敦公司的戶頭償還挪用鄧肯商行的欠款。摩根大為振奮，索性放手

第十種能力：練就犀利眼光

大幹一番，在巴西船長的引薦之下，他又買下了其他船上的咖啡。

摩根初出茅廬，做下如此一樁大買賣，真的非常冒險。但上帝偏偏對他情有獨鍾，就在他買下這批咖啡不久，巴西便出現了嚴寒天氣，一下子使咖啡大為減產。這樣，咖啡價格暴漲，摩根便順風迎時的大賺了一筆。

從咖啡交易中，吉諾斯認識到自己的兒子是個人才，便出了大部分資金為兒子辦起摩根商行，供他施展經商的才能。摩根商行設在華爾街紐約證券交易所對面的一幢建築裡，這個位置對摩根後來叱吒華爾街，乃至左右世界風雲起了不小的作用。

這時已經是 1862 年，美國的南北戰爭正打得不可開交。

林肯總統頒布了「第一號命令」，實行了全軍總動員，並下令陸海軍對南方展開全面進攻。

一天，克查姆——一位華爾街投資經紀人的兒子，摩根新結識的朋友，來與摩根閒聊。

「我父親最近在華盛頓打聽到，北軍傷亡十分慘重！」克查姆神祕的告訴他的新朋友，「如果有人大量買進黃金，匯到倫敦去，肯定能大賺一筆。」

對經商極其敏感的摩根立即心動，提出與克查姆合夥做這筆生意。克查姆自然躍躍欲試，他把自己的計畫告訴摩根：「我們先同皮鮑狄先生打個招呼，透過他的公司和你的商行共同付款的方式，購買四五百萬美元的黃金——當然要祕密進行；然後，將買到的黃金一半匯到倫敦，交給皮鮑狄，剩下一半我們留著。一旦皮鮑狄黃金匯款之事洩露出去，而政府軍又戰敗時，黃金價格肯定會暴漲，到那時，我們就堂而皇之地拋

售手中的黃金，肯定會大賺一筆！」

摩根迅速的盤算了這筆生意的風險程度，爽快的答應了克查姆。一切按計畫行事，正如他們所料，祕密收購黃金的事因匯兌大宗款項走漏了風聲，社會上流傳著大亨皮鮑狄購置大筆黃金的消息，「黃金非漲價不可」的輿論四處流行。於是，很快形成了爭購黃金的風潮。由於這麼一搶購，金價飆漲，摩根知道時機已到，迅速抛售了手中所有的黃金，趁混亂之機又狠賺了一筆。

這時的摩根雖然年僅二十六歲，但他那閃爍著藍色光芒的大眼睛，看去令人覺得深不可測；再搭上短粗的濃眉、髭鬚，會讓人感覺到他是一個深思熟慮、老謀深算的人。

此後的一百多年間，摩根家族的後代都秉承了祖先的遺傳，不斷的冒險，不斷的累積財富，終於打造了一個實力強大的摩根帝國。

具有冒險素養幾乎是一切成功商人的必備素養，經商本身就是一項冒險的事業，選擇了這一行就不能前怕狼，後怕虎，該冒的險一定要敢冒。

做好準備以迎接機會

幸運隨時都會降臨，但是如果你沒有準備去迎接它，就可能失之交臂。

保羅・蓋蒂是上世紀中葉美國的大企業家，在 1957 年 10 月美國權威的《財富》雜誌選出的全球商界富豪榜上，他曾以超過十億美元的資產而名列榜首，他的財產比第二名的——另一位石油富豪亨特高出三億美

第十種能力：練就犀利眼光

元。十多億美元在當時是一筆不小的財富，蓋蒂在創造財富的過程中，靠的正是多方面的準備而把握住了發財的機會。

西元 1893 年，蓋蒂出生於美國北部明尼蘇達州的明尼阿波利斯市的一個小石油商家庭。

1912 年蓋蒂中學畢業，考入加州大學。沒過多久，他又轉校考入世界著名的英國牛津大學。隨著年齡的增長，蓋蒂對社會和自己的認知也在不斷修正和改變。他在大學二年級暑假回家的一次油田參觀中，找到了開採石油的樂趣，由此漸漸的喜歡上了石油開採業。

越來越對石油開採感興趣的蓋蒂，於 1914 年中斷了大學的學業，帶著身上僅有的 500 美元，隻身到中南部的新興工業都市奧克拉荷馬闖天下。奧克拉荷馬城外的郊原上，到處都是前來這裡淘「黑金」（石油）的人，蓋蒂滿懷希望的加入到這個大軍之中。

在不斷的挖井打工生活中，蓋蒂逐漸累積了一定的石油開採經驗。1915 年當地有一塊地皮要出租，得知此消息後的蓋蒂異常興奮，因為憑經驗他覺得這塊地開採出石油的希望很大。擺在面前的問題是，如何才能戰勝其他競爭者，把這塊地皮租到手。

當時有很多財大氣粗者去競租，而蓋蒂摸摸自己的口袋，兜裡卻只有區區 500 美元。為了爭到這塊地，他絞盡腦汁，終於想出了一個辦法──找貴人幫忙，代他去競標報價。

有地皮要出租，這是有了機遇；如何把握機遇，成敗在此一舉。蓋蒂找了一個銀行的雇員代他去競標報價，這個銀行雇員成了他的貴人。說來也奇怪，那些競租者見到這位銀行雇員來報價，紛紛退出競爭，結果蓋蒂竟然以他僅有的 500 美元順利中標。

後來才知道，這個銀行雇員所在的銀行是一家實力強勁的大銀行，那些財大氣粗的競爭者很多人都知道他的身分，有的跟他打過交道。競標者看到他來競標，以為他代表那家大財團來的，心想競爭不過大財團，不如早點退出落得做個好人。就這樣，蓋蒂成功的把握了這次機會，邁出了成功的第一步。

租到這塊地後，蓋蒂臨時招聘了一些工人，不久便與工人們一道挖掘油井。果然不出蓋蒂所料，這塊地下真有石油。不幾天，他們便挖出了一個每天可出720桶原油的油井。

1916年5月，蓋蒂與他父親簽約，合夥創辦了「蓋蒂石油公司」。父子倆明確分工：父親提供石油開採資金，蓋蒂負責作業管理，利潤按七三分成。到後來，為擴大規模，公司又吸納了幾位投資人，股份比例略有調整。

蓋蒂是個非常敬業的人，他總是親臨一線參與現場作業，雖然是老闆，卻身兼地質學家、爆炸專家、挖掘監督、操作工人等數職。經過較長時間的現場操作，他找到了不少石油開採的規律，找油的經驗越來越豐富，成功率不斷提高，這為蓋蒂石油公司帶來生機勃勃。1917年，蓋蒂的財富已超過100萬美元。

在經濟危機剛開始緩和時，他於1932年開始大量買進海岸聯合石油公司的股票，第二年達到6萬股，以後不斷增加，直到完全擁有這家公司。

1949年蓋蒂獲悉沙烏地阿拉伯政府有意引入外資開採石油，便以1,250萬美元的價格，從沙烏地阿拉伯政府租借到沙烏地阿拉伯與科威特之間「中立地帶」的石油開採權，利潤平分。六年後第一口油井噴出石

油，他的巨額投資開始得到回報。此後，他又一口一口的打出了許多高產油井，從中獲得驚人的收益。

在開採「中立地帶」的石油前，很多人都認為這一行動風險太大，因為投資太大。蓋蒂感謝他的貴人——沙烏地阿拉伯政府給了他機會，他甘願冒險去一搏。投資了 4,000 萬美元的鑽井費用，他擁有開採權的範圍內，據地質學家估計可以開採出 130 兆桶原油。

滾滾不斷的石油，成為蓋蒂的「黑金山」。以此做後盾，他大膽投資相關產業，建造和收購了一大批煉油廠，創建了自己的油輪船隊。他還大量買進石油公司的股份，到 1963 年擁有自己公司的股份 12 萬股，此外還掌握海岸公司、使節公司、斯克利石油公司、紐約皮埃爾旅館、斯帕坦航空公司等公司的控股權。

儘管在 1976 年 6 月蓋蒂去世後他的子女沒有將他的事業發揚光大，但蓋蒂生前創下的輝煌足以使他名垂千古。他經商過程中的兩次把握機遇大膽投資的故事，成為人們津津樂道的佳話。

機會只垂青於有所準備的人，這是大多數人都知道的道理。沒有準備，機會來了也抓不準甚至抓不住。經商就更是如此，不做準備，就別指望商機會降臨到你的身上。

面對挑戰，機會隨之而來

如果你從不接受挑戰，就感受不到勝利的刺激。

韓國著名的企業家金宇中被公認為韓國公司界的「出口大王」。他所領導的大宇集團是享譽世界的知名公司，大宇生產的各種產品也隨著大

宇集團的名聲遠播而遍布世界各地。

1970 年代以來，美國與亞洲新興的工業化國家之間的貿易摩擦越來越劇烈，美國從維護國家的利益出發，逐漸傾向於採取貿易保護主義政策。

當時金宇中開拓美國紡織品市場的努力剛剛有了起色。他先與生產繅絲的日本三菱會社簽訂了獨家銷售合約，把三菱會社生產的絲料運回韓國加工成布料，並委託釜山製衣廠把布料做成襯衫，然後全部運往美國銷售，由於這種極細的繅絲箔製成的襯衫材質柔和，觸感很好，因此這種襯衫在美國一上市便大受歡迎，很快風行全美。三年之內，大宇集團僅此一項業務就獲利潤 1,800 萬美元。

1974 年，韓國公司界盛傳美國即將對紡織品的進口實行配額限制。在此種形勢下，絕大多數紡織品出口商都開始壓縮紡織品輸美規模，轉而將焦點放在開拓新的國際市場上。然而，金宇中並沒有像其他紡織品出口商那樣亦步亦趨的壓縮輸美規模，相反，他採取了一個果敢的行動，實行公司總動員，充分利用年底餘下不多的時間，全力擴大公司紡織品的輸出數量。

此舉獲得成功。1974 年大宇集團紡織品輸美的規模一躍而居於韓國、日本、臺灣、香港的公司榜首。金宇中也因此被譽為美國配額制度造就的唯一勝利者。

金宇中的超人膽識，來自於他超人的眼力，他很清楚的知道，美國對外國公司進出口配額制度的制定，必須參考前一年的輸美業績，如果前一年的進口數量大，那麼後一年給的配額數量就多，所以在其他出口商紛紛壓縮出口規模的情況下，大宇集團生產的紡織品能在美國市場上獨領風騷。

「好風憑藉力」，金宇中趁著大宇集團生產的襯衫風行美國的有利時機，說服了在美國擁有九百家連鎖店的施伯公司接受大宇集團的試銷計畫，把公司生產的全部產品納入了施伯公司的銷售網。從而成功開創了韓國出口公司直接與美國大公司開展業務的先例，打破了長期以來韓國出口商必須透過日本大商社的仲介並由美國B級以下進口商銷售的慣例。

從此以後，大宇集團的事業蓬勃發展，到1981年為止，大宇集團的外匯貿易額超過15億美元。這在韓國公司界中是獨一無二的。

美方限制進口配額，對於每一個出口至美的銷售商都是一次挑戰，面對眾多同行紛紛壓縮：出口的現實，大宇公司獨具慧眼，及時改變了出口政策，從而擴大了出口規模，贏得了成功。

挑戰是每個公司所必須面對的，在全球經濟一體化的今天，國際市場上的風吹草動帶給公司的都有可能是生死攸關的巨變。是迴避挑戰減少風險還是面對挑戰從中取利？不同的商人有不同的選擇。

面對挑戰就意味著冒險。在現代社會中，機遇與挑戰同時存在，風險與利潤不可分離。只有具備冷靜的頭腦、敏銳的目光，分析出挑戰帶來的利與弊，分清自己有利與不利的因素，才能從挑戰中把握機遇，不讓它與自己擦肩而過。

■ 抓住每一個機遇

行動要看時機，開船要趁漲潮。

成功的經商者都善於見機行事，以此打開自己的商局。

零售巨頭山姆·沃爾頓在堅定了小鎮可以成功經營大型折扣百貨店

的信念的同時，又唯恐其他競爭對手也明白了這個道理後會迅速進入各小鎮。而每個小鎮通常只容得下一家這種大型折扣商店。因此，他必須以盡可能快的速度擴張開新店。1965 年，他新開一家店，1966 年，2 家；1967 年，20 家；1968 年，他第一次進入密蘇里州和奧克拉荷馬州的鄰近地區，開新店 5 家；1969 年，又是 5 家。這樣，截至 1960 年代末，沃爾瑪已有 18 家分店，其中 11 家在阿肯色州。商店面積從 300 ～ 1,200 坪不等，多數在 900 坪左右。所有分店都位於人口 5,000 ～ 25,000 的小鎮上。不過，除一個例外，沃爾瑪在所在地區都是最大的非食品類零售店。

沃爾瑪所有的商店都位於租賃的設施內，租金一半為固定的，另一半根據年營業額的一定比例繳納，稅金、保險和維修則由業主負責。以 1970 年為例，總租金 500 萬美元，相當於每坪 3 美元。

商店通常在早上九點開門，晚上九點關門，一週營業六天。購買是自助服務式，當然也有業務員隨時準備提供幫助。付款以現金為主，使用信用卡轉帳的大致只占總銷售額的 3%。

在財力允許的條件下，山姆也不斷擴大商店營業面積並改進營業設施，如普遍安裝了空調，更新了現代化的貨架，一些新店的服飾區還鋪上了地毯。

與此同時，山姆繼續經營他的雜貨連鎖店，但分店數量不再發展，其營業額在沃爾瑪集團總營業額中的比重不斷下降。例如：1967 年，雜貨連鎖店占公司總銷售額的 42%，利潤的 57%；三年後，銷售收入比重降至 26%，利潤比重降至 20%。

1969 年 11 月，公司在本頓維城南 1.6 公里處鐵路線旁建起了自己

第十種能力：練就犀利眼光

的總部。據估計，這個配送中心當時能處理全公司採購、配送商品的 40%。山姆顯然從未考慮過在其他地方建他的總部，他喜歡本頓維這鄉下地方，喜歡這裡的小山、叢林和農場。數年後在被問及為什麼喜歡待在本頓維時，山姆回答說：「從本頓維搬走除非破產，那將是我們做的最後一件事。我們能做的最好的一件事就是在這偏僻的丘陵中最終建起了一家大公司。當人們來到這裡，找到我們時，他們會感到驚訝和疑慮，但我們喜歡待在這裡，那是由我們的信念、由人們對我們的支持決定的，這比搬到芝加哥去好得多⋯⋯

此時的山姆已有能力僱用更多的人手和有特殊才能的管理人員了。公司此時聘有 650 位雇員，其中包括 33 位分店經理、45 位助理經理、9 位主管和採購人員。他付給他的管理人員相當高的薪水，但作為回報，他們確實也要非常努力。

縱觀整個 1960 年代，沃爾瑪公司的經營業績不俗。1960 年代初，山姆只有十幾家小雜貨店，到 1970 年，店鋪總數增至 32 家，包括 14 家雜貨店和 18 家沃爾瑪百貨店；銷售收入從 300 萬美元增加到 3,000 萬美元，增加近十倍。

不過，沃爾瑪發展的速度此時主要還是與自己的過去相比，而在商業專家的眼裡，其整體規模，以及分店均集中於阿肯色西北部本頓維周圍百里以內小鎮上的事實，使沃爾瑪看上去只是「美國南部山區鄉下人開的流行服飾店」。當然，此後不到十年，沃爾瑪的發展就會使這些嘲笑者刮目相看，轉而讚賞山姆創辦的沃爾瑪了不起，但這在當時沒人會相信。

一旦看準，就大膽行動，這在如今是許多商界成功人士的經驗之談。冒險和出奇相聯，出奇和制勝相伴，所以西方的諺語說：「幸運喜歡光臨勇敢的人。」

■ 善於創造機會

如果良機不來，就親手創造吧。

在商業領域裡「見縫插針」一直是許多精明商人信奉的生意經。「功虧一簣」是要善於探求別人功虧之因，尋求「一簣」，深入開掘，鍥而不捨，進而獲效。九仞高的山就差一筐土而不能完成，不能不令人深感遺憾。在做生意中，由於人力或物力上的種種原因，而這「一簣」之虧，往往又會給智者帶來一簣之計，就是匡正和挽救他人的失誤，而獲得創造性機會的謀略。

世界著名阿曼德·哈默的成功之道很能說明問題。

阿曼德·哈墨於西元1898年5月21日生於美國紐約的布朗克斯，祖先是俄國猶太人，曾以造船為生，後因經濟拮据，大約於1875年移居美國。他的父親是個醫生，兼做醫藥買賣。哈默是三個兄弟中最不聽話但又最富於創造精神的一個。

就在哈默十六歲的那年，他看中了一輛正在拍賣的雙座敞篷舊車，但標價卻高達185美元，這個數字對哈默來說是驚人的。儘管如此，他仍然抓住機遇不放，他向在藥局售貨的哥哥哈里貸款，買下了這輛車，並用它為一家商店運送糖果。兩週以後哈默不僅按時如數還清了哥哥的錢，自己還剩下了一輛車。哈默的第一筆交易與後來相比起來根本不算什麼，但當時對他來說卻屬「巨額交易」，在這筆交易中，哈默考察了自己的競爭能力和獨創賺錢途徑的本領。

第二次世界大戰期間，美國人民的生活水準有了顯著提高，吃牛肉的人越來越多，優質牛肉在市場上很難見到，已成為大公司老闆的哈默「見縫插針」，迅速在自己的莊園「幻影島」上辦起了一個養牛場，他用了十萬美元的高價買下了本世紀最好的一頭公牛「艾瑞克王子」。「艾瑞克

第十種能力：練就犀利眼光

王子」像棵搖錢樹，為哈默賺了幾百萬美元，而哈默也從此由門外漢變為牧場行業公認的領袖人物。

哈默自從1956年接管了經營不善、當時已處於風雨飄搖之中的西方石油公司之後，開始熱衷於石油開發事業。當時，有一家叫德士古的石油公司，曾在舊金山以東的河谷裡尋找天然氣，鑽頭一直鑽到5,600英尺，仍然見不到天然氣的蹤影。這家公司的決策者認為耗資太多。如果再深鑽下去很可能是徒勞無功難以自拔，便匆匆鳴金收兵，並宣判了此井的「死刑」。

哈默以30%的風險係數，70%的成功概率，帶著妻子和公司的董事們來到這裡，在被判「死刑」的枯井上架起了鑽機，繼續深探，結果在原來位置上，又鑽進3,000英尺時，天然氣噴發而出。這就是見縫插針，功虧一簣的威力。

後來，哈默又成功的運用了這個威力無窮的原理。他聽說舉世聞名的埃索石油公司和殼牌石油公司，在非洲的得比亞由於探油未成功而扔下不少廢井，便帶領大隊人馬開往非洲，以「願意從利潤中抽出50%」的條件，租借了別人拋棄了的兩塊土地，很快又找出了九口自噴油井。

成功學家拿破崙·希爾認為，抓住機遇即見縫插針。而「見縫插針」的實質就是抓住時機，盡量利用一切可以利用的機會，採取行動。如果把「縫」看做是一種機遇的話，「見縫」則是要善於發現機遇，捕捉機遇，然後不失時機的「插針」，利用機遇，實施自己的宏偉藍圖。

■ 小事中的大商機

要留意任何有利的事情，即使是最小的事情，只要你利用好了，它也能為你帶來大利益。

搬家業也能賺大錢，這簡直是不可思議的。但日本確實有這麼一家公司，它叫阿托搬家中心總公司。該公司創辦於 1977 年，僅用了九年時間，年營業額就增加 347 倍，達到 140 多億日元，並從一個地區性公司的小型公司，發展成在日本近四十個都市擁有分公司或聯營公司的大型公司。美國和東南亞一些國家還爭相購買它的搬家技術專利。阿托搬家中心的老闆叫寺田千代乃，由於經營上的成功，已成為日本服務業的明星，被評為日本最活躍的女企業家之一。

寺田千代乃生於 1947 年，學生時代就頗有男孩的個性，曾經是以往只有男生才能參加的劍道部的成員，她從小就暗自決心，長大要與男人一爭高低。1968 年，她與寺田壽男結婚，他們一起做起了當時賺錢的運輸業。但好景不常，1973 年發生的石油危機使運輸業由盛轉衰。為了生存，寺田夫婦日夜奔馳在公路上，少睡覺，多付出，但仍逃脫不了破產的厄運。

正當寺田千代乃為今後生計煩惱時，報紙上一條簡短的消息引起她的注意。消息中說，日本關西地區每年搬家開支 400 億日元，其中大阪市就有 150 億日元。寺田千代乃產生這樣一個念頭：為什麼不在這不引人注目的行業上試一試運氣？她和丈夫商量後，就決定辦一個專業的搬家公司。

搬家的市場雖然相當大，但怎麼能把成千上萬分散的住戶吸引過來呢？做廣告可花不起錢呀！想來想去，她決定利用電話號碼簿為自己做不花錢的廣告，因為想搬家的人肯定會在電話簿上找搬家公司的電話。她了解到日本的電話簿是按行業分類的，在同一行業內，公司的排列是以日語字母為序。所以，她就替自己的公司取名為「阿托搬家中心」，使它在同行業中名列首位，查找時很容易發現它。然後，千代乃又在電話

第十種能力：練就犀利眼光

局的空白號碼中，選了一個又醒目又容易記的號碼。

公司開張後，果然生意很好，許多顧客都打電話提前預約。寺田千代乃經營之初對搬家技術就作過全面的了解，根據顧客的需求，她對搬家技術進行了一系列革新，另外開發出許多附帶的服務項目。她抓住顧客珍惜家財和怕家財暴露於外的心理，設計了搬家專用車，把家用器具裝在這種車上，既安全可靠，又不會被路人看見。

針對日本都市住宅多是高層公寓，寺田千代乃專門設計了搬家專用吊車和貨櫃，高層公寓居民搬家時，只要用吊車把貨櫃送至窗前即可進行作業。此外，寺田千代乃的阿托搬家中心還提供與搬家有關的服務三百多項。例如：日本人有一種傳統習慣，因搬家難免會打擾左鄰右舍，每逢搬家，都要送一些點心或麵條給鄰居，以表歉意。但是往往因為忙亂而忘掉這一禮節。阿托搬家中心便可代顧客辦理此事。它還為顧客提供消毒、清掃服務；代理因遷居而發生的變更戶籍、改換電話、學生轉學、報刊投遞、結算帳目等手續；還提供室內設計、代購用品、處理廢棄物品、修理門窗家具、調試鋼琴等服務。

寺田千代乃的成功吸引了許多人步入搬家行業，他們紛紛模仿寺田千代乃的做法，為了在電話簿上占據顯要位置，想出了許多千奇百怪的公司名稱。為了迎接各種挑戰，寺田千代乃將開發新的服務視為公司經營的最重要的課題。「不創新就要落伍！」她經常告誡公司的職員。千代乃認為，資訊時代已經到來，只靠電話號碼簿這個廉價方式來宣傳已經不夠，必須利用影響面最廣的電視廣告進行宣傳。但電視廣告費用很高，五秒鐘就要 2,000 萬日元，如果達不到預期效果，一大筆資金就將付之東流。千代乃不惜重價嘗試了電視廣告，竟然效果顯著，阿托搬家中心名聲大作，營業額直線上升。

以往搬家總是「行李未到，家人先到」，搬家總是留給人煩惱的回憶，寺田千代乃決心把它變成終身難忘的旅行。為此，她特地在歐洲最大的大轎車廠——德國的巴爾國際公司訂做了一種名為「二十一世紀的夢」的搬家專用車。這種車長 12 公尺，寬 2.5 公尺，高 3.8 公尺。前半部分為上下兩層，下層是駕駛室，上層是一個可以容納六人的豪華客廳，裡面有舒適的沙發、嬰兒專用搖籃，還裝有電視機、立體組合音響設備、電冰箱、電視遊戲機等設施。後半部才是裝運行李家具的車廂，載重量為七噸。這種新型搬家專用車透過電視廣告向日本全國展示後，各地的搬家預約蜂擁而至。特別是好奇心強的孩子們，他們指名要乘坐「二十一世紀的夢」搬家車。

寺田千代乃十分重視自己公司的服務品質，把它作為增強與對手競爭能力的最重要手段之一。該公司每完成一筆搬家任務後，都要請顧客填寫「完成證明書」，它的背面則是「賠償請求書」。作業人員如果連續十次向公司交回「完成證明書」，寺田千代乃就親自獎勵給該員工一萬日元；如果出現索賠事故或受到顧客批評，不但得不到獎金，還要被扣罰獎金。這種嚴格的業績考核方法使公司員工都把提高服務品質與自己的切身利益緊密連繫起來。阿托搬家中心以其優質服務和創新經營，才得以在日本眾多的搬家公司中脫穎而出，並遙遙領先。

寺田千代乃和她的阿托搬家中心的斐然業績證明，善於收集資訊，從中發現商機，即使一些不引人注目的行業，抑或還有許多被人瞧不起的新行業，也能創造出傑出的企業家，創造出令人驚嘆的商業奇蹟。

再壞的時機，也有人賺錢；再好的時機，也有人破產；再壞的事業，也有人成功；再好的事業，也有人失敗。

第十種能力：練就犀利眼光

■ 隨機應變，立於不敗之地

先知先覺是商機，後知後覺是行業，不知不覺，只能當消費者。

三年前，阿光接過了一家已倒閉的街道辦製膠廠。該廠30多人，倒閉時欠下50萬元外債，拖欠工人九個月的薪資。

剛剛接手爛攤子的時候，他用集資的辦法招收了200多名工人，買了油氈紙把漏水屋蓋起來，暫時解決了廠房問題，又從工人家裡借來縫紉機，解決了設備問題。

正當他對製膠廠實施「起死回生術」時，他獲得一個準確的市場資訊：製膠業市場產品過剩，皮革塑料製品行業的許多廠商都紛紛關閉。阿光得到這個情報後，腦子裡立即就出現了一個「變」字，果斷的決定「變」。「變」也要因地制宜，經過數次的調查和考慮後，權衡利弊，他決定從本地區興旺發達的畜牧業打開突破口，以皮革製品殺出一條財路。他就地取材，用皮革製作自行車坐墊、手提包、背包、兒童書包、旅行包等產品，很快占領了市場。債務還清了，工人薪資補發了，小本生意獲大利，一些正在掙扎著的小廠都紛紛來參觀。

阿光非常敏感，他預感到這些人即將成為競爭對手，於是立即又想到了「變」。他們廠轉產牛皮鞋、皮箱、山羊革夾克衫等。很多工人都來責問廠長：「這麼暢銷的產品為什麼要停止生產呢？」不久這個問題便讓實際情況來作了解釋：許多來取經的工廠，見他們的原產品本小利大銷售快，回去後爭相大批生產，結果市場很快就出現了滯銷現象。別的公司「窮則思變」，而阿光是「富則思變」，遠大的眼光和超乎尋常的膽略使他在「商場如戰場」的殘酷競爭中毅然出動，他在別人一哄而上之時，**轉產新產品，市場反而一片興旺**。

皮革廠辦得相當順利，新產品很暢銷，可是阿光想問題就是比常人深一層，他預想到皮革製品有時會出現滯銷現象，僅靠一種產品風險大，如果採取「一業為主，多業並舉」，那麼一種業務不景氣時，另外業務就可以馬上擴大，彌補損失。

　　人隨時代的步伐走，而公司應跟著市場資訊變。在這方面，阿光應對自如，用新產品不斷充實市場。有一次，一位農村女孩來到皮革廠，她要買一個結婚用的皮箱。廠裡的業務員把她帶到了製箱生產線，那裡有準備發到各個都市去的航空模壓箱、旅遊箱、輕便手提書箱、帶軲轆的套箱等各式漂亮的箱子，可是女孩一個都沒看中。這一小小的舉動立即引起阿光的興趣，他經過思索和研究，將如何才能適應農村市場的需求、如何打開農村市場。農村是個廣大的市場，而自己的廠卻沒去占領它，應該把產品面向農村。

　　他立即組織力量設計製造出了色彩鮮豔、龍飛鳳舞、圖案明朗的帶著鄉土氣息的皮箱。這種龍鳳皮箱一上市就被搶購一空，很多農村經銷店得知這個消息後紛紛前來訂貨。開發一個新產品，就能占領一個新市場。他們的產品占領了農村市場，產值和利潤很快大幅度上升。農村市場剛占領，阿光又捕捉到一個有價值的資訊：他看到一個購物員，穿著一身流行的西裝，可是腳上卻踏著一雙舊布鞋，這身裝扮很不協調，阿光不覺上前探問了一下：「您為什麼不穿皮鞋？」「腳氣嚴重，沒福氣穿啊！」

　　這句不易被人注意的話卻撥動了公司家那敏感的神經：對！研發藥物皮鞋，防治腳氣病。他立即向製藥公司和相關科研公司取經、學習，並高薪聘請科研人員研發藥物皮鞋。不久試驗成功，經過上級科研公司鑑定，防治效果達 90% 以上。新產品獲得了科技成果獎。皮鞋一閃亮登

場，訂貨單紛至沓來，經銷商也蜂擁而來，阿光獲得了巨大成功，事業如日中天，勢氣逼人。三年後，原來蓋著油氈紙的漏水屋變成了一間大樓和寬敞的生產線，30多人的小廠變成了3,500多人的中型廠。

阿光的「興廠之道」在於他根據市場資訊，隨機應變、機敏果斷。可見，「隨機應變」在當今的商戰中尤其具有現實意義。

在商場上，市場風雲，變幻莫測；強手林立，各顯神通；明爭暗搶，五花八門；鯨吞蠶食，觸目驚心。公司經營者面對如此的競爭場面，只有以變應變，才能在商海中劈風浪、繞暗礁，奪取最後的勝利。

冷門中的大機遇

率先挺進無競爭領域是弱勢企業迅速製造相對強勢的不二法門。

日本的泡泡糖市場，多年來一直被勞特公司所壟斷，其他公司要想打入泡泡糖市場似乎已毫無可能。而在1991年，弱小的江崎糖業公司一下子就奪走了勞特公司三分之一的市場，這成了日本這一年經濟生活中一條轟動性的新聞。江崎公司是怎樣獲得成功的呢？

首先，公司成立了由智囊人員、科技人員和供銷人員共同組成的團隊，在廣泛搜集有關資料的基礎上，專門研究勞特公司生產、銷售的泡泡糖的優點與缺點。經過一段時間認真細緻的調查分析，他們找出了勞特公司生產的泡泡糖有以下缺點：

- 銷售對象以兒童為主，對成年人重視不夠（其實成年人喜歡泡泡糖的也不少，而且越來越多）；
- 只有水果口味型（其實消費者的口味需求是多樣的）；

- 形狀基本上都是單調的條狀（其實消費者對形狀的審美樂趣也是多樣的）；
- 價格為每塊 110 日元，顧客購買時要找零錢，頗不方便。

發現以上這些缺點以後，江崎公司對症下藥，迅速推出了一系列泡泡糖新產品：提神用的泡泡糖，可以消除睏倦感；交際用的泡泡糖，可以清潔口腔，消除口臭；運動用的泡泡糖，可以增強體力；輕鬆休閒的泡泡糖，可以改變憂鬱情緒。在泡泡糖形狀發明上，推出了卡片形、圓球形、動物形等各種形狀。為了方便食用，採用一種新包裝，只需一隻手就可以打開食用。在價格上，為了避免找零錢的麻煩，一律定價為 50 和 100 日元兩種。這樣透過一系列措施，加上強大的廣告宣傳，1991 年江崎糖業公司在泡泡糖市場上的占有率一下子由原來的 0% 上升到 25%，創造了銷售額達 150 億日元的高紀錄。

江崎糖業公司的創辦人江崎談他的創業成功祕訣時這樣說：「即使是已經成熟的市場，也並非無縫可鑽。市場是在不斷變化，機會總能夠找到。」

1960 年代美國的飲料市場被兩大可樂公司所壟斷。作為 1968 年剛剛問世的新飲料——七喜，如何才能突破壟斷，搶占市場呢？

當時的美國人在口味上已經習慣於可口可樂的飲料，而且在思維方式上也拘泥於可口可樂才是飲料。如何打破可口可樂在消費者心目中的統治地位呢？七喜公司打破了傳統的邏輯習慣和思維方式，到飲用者的頭腦中去找產品的位置。他們大膽的提出「非可樂」的產品定位，這一語破天驚的的口號被美國的廣告界稱為「輝煌的口號」，也正是「非可樂」這一簡單有力的口號，使七喜脫離開硝煙彌漫的可口可樂競爭圈，以清

第十種能力：練就犀利眼光

　　新的口味和邏輯習慣贏得了消費者。這個策略口號打出的第一年，七喜的銷售量上升了15%。1978年菲利普‧莫里斯公司收購了七喜公司，又使用「美國轉向七喜」這一定位策略，雖然沒有改變大眾對可口可樂的消費口味，但它卻奪走了非可樂飲料的生意。

　　七喜公司採用了兩級劃分的方法，把飲料市場劃分為可樂產品和非可樂產品兩大部分，將七喜定位為非可樂產品，這就與兩大可樂公司的產品有了明確的區分，突出了七喜與可樂產品反其道而行的產品形象，既給消費者留下了深刻的形象，又避開了兩大可樂公司之間的激烈競爭，使其可以集中贏得非可樂產品市場的霸主地位。

　　菲律賓有一家地理位置極差，但生意卻極佳的餐館，餐館經營的成功全在於餐館老闆的奇思妙想。

　　這家餐館的生意起初並不好：由於地處偏遠，且交通不方便，去餐館用餐的顧客很少。有人建議老闆乾脆關掉餐館，另謀它路。老闆思索再三，決定看看其他餐館的經營狀況後再說。於是，老闆扮作一個顧客，一個餐館一個餐館的去察訪。最後，老闆發現，那些地處鬧市區、生意較好的餐館有一個共同點：「現代派」味道十足，「鬧」得不能再「鬧」。老闆不止一次發現一些不喜歡「熱鬧」的顧客直皺眉頭，匆匆用餐後，匆匆離去。

　　老闆想起了自己餐館所處的獨特幽靜的地理位置，不由躍躍欲試，「來個『幽靜高雅』，會是怎麼樣呢？」

　　老闆請來裝修工將餐館的外觀精心裝飾得淡雅、古樸；屋內的裝飾只用白、綠兩種顏色，白色的柱子、白色的桌椅，綠色的牆、綠色的花草。老闆還用莎士比亞時代的酒桶為顧客盛酒，用從印度買來的「古戰

車」為顧客送菜。

奇蹟出現了：早已被喧囂聲攪得煩不勝煩的顧客們，聽說有一間古樸幽靜的餐館可以用餐，你傳我，我傳他，紛至沓來，餐館的生意頓時好轉。

尋找冷門，也就是所謂的鑽漏洞，做事時，我們的眼光不要光盯在那些熱門事物上，不能盲目從眾，要有自己的主見，要勇於鑽漏洞，找冷門出奇制勝。

第十種能力：練就犀利眼光

第十一種能力：溝通即領導力

第十一種能力：溝通即領導力

老闆應掌握的溝通技巧

企業管理過去是溝通，現在是溝通，未來還是溝通。

在談到溝通的技巧時，你也許會毫不在意，認為這些所謂的技巧你已經全部都掌握了。你對與別人溝通十分自信，認為這是你的強項，不需要再經過什麼訓練了，因為你已經這樣生活了好幾十年，有足夠的經驗了。然而，事實真的如你所想像的那樣嗎？想一想自己生活、工作中那些失敗的溝通例子（千萬別自欺欺人的說沒有），你應該能夠明白，溝通的行為雖然每天都會發生很多次，但你無法保證每一次都可以獲得令人滿意的結果，而說不定失敗的那次溝通就毀掉了你步向成功的橋樑。你無法預料下一次的溝通會產生什麼樣的結果，因此只有具備全面的溝通素養，知道從何做起，才能使你不會輕易丟掉人脈中重要的一環。

1 禮儀

孔子認為禮儀是人格的外在表現，在《論語‧主政》中也有「道之以德，齊之以禮，有恥且格。」這樣的詞句，它的意思是說，人們只有懂得了禮，才能有道德，知廉恥，才能成為有健全人格的人。

因此，無論採用什麼樣的溝通方式，禮儀都顯得至關重要，它就像你的門面一樣，很容易引導他人對你的直觀看法。

2 自信

自信是一種優勢，一種精神上的優勢，它建立在對自己能力和水準正確評價的基礎之上。充滿自信的人，往往是最容易取得成功的人，自信是成功的前提條件。一般經營事業相當成功的人士，他們不隨波逐流

或唯唯諾諾，他們有自己的想法與作風，但卻很少對別人吼叫、謾罵，甚至連爭辯都極為罕見。他們對自己了解得相當清楚，並且肯定自己，他們的共同點是自信，日子過得很開心，有自信的人常常是最會溝通的人。

3 態度

正確認識到你與談話者之間的關係，是你所採用的態度。只有了解到這一點，你才能夠透過恰如其分的態度來與對方進行溝通，而不至於造成雙方的尷尬與其他的負面感情。要知道，只有當溝通的雙方在某一點上達成一致的時候，你才可能實現自己的願望。即使不能達成一致，也許你們之間還會有其他選擇。

4 體諒

這其中包含「體諒對方」與「表達自我」兩方面。所謂體諒是指設身處地為別人著想，並體會對方的感受與需要。在經營「人」的事業過程中，當我們想對他人表示體諒與關心時，就要設身處地為對方著想。由於我們的了解與尊重，對方也相對體諒你的立場與好意，因而做出積極而合適的回應。

5 時機

產生矛盾與誤會的原因如果出自於對方的健忘，我們的提示正可使對方信守承諾；反之，若是對方有意食言，提示就代表我們並未忘記，並且希望對方信守諾言，而做出提示時機的把握顯得格外重要。

6　有效

一位知名的談判專家分享他成功的談判經驗時曾經說道：「我在各個國際商談場合中，時常會以『我覺得』（說出自己的感受）、『我希望』（說出自己的要求或期望）為開端，結果常會令人極為滿意。」其實，這種行為就是直言不諱的告訴對方我們的要求與感受，若能直接有效的告訴對方你所想要表達的對象，將會有效幫助我們建立良好的人際網路。

7　詢問與傾聽

詢問與傾聽的行為，是用來控制自己，讓自己不要為了維護權利而侵犯他人。尤其是在對方行為退縮、默不作聲或欲言又止的時候，可用詢問行為引出對方真正的想法，了解對方的立場以及對方的需求、願望、意見與感受，並且運用積極傾聽的方式，來誘導對方發表意見，進而對自己產生好感。一位優秀的溝通高手，絕對善於詢問以及積極傾聽他人的意見與感受。

在管理人的過程中，需要藉助溝通的技巧，化解不同的見解與意見，建立共識。當共識產生後，事業的魅力自然才會展現。良好的溝通能力與人際關係的培養，並非全是與生俱來的。在經營「人」的事業中，你絕對有機會學習到許多溝通的技巧，因此要把握任何一次學習的機會。

■ 與客戶溝通的建議

管理者的最基本能力：有效溝通。

著名管理學家湯姆・彼得斯在其著作《志在成功》一書中提出十點接

觸客戶的建議，對於公司與客戶溝通很有指導意義。

(1) 你是否經常打電話給自己的公司以及競爭者，提出一個簡單的要求，得到的答覆有什麼不同？具體來說，你得到答覆前等待的時間長短、內容是否完整、答覆時是否熱情有禮貌等等。找五個人做同樣的試驗，提不同的要求，然後在你公司和競爭者之間做比較。

(2) 你是否設有免費電話號碼供客戶聯絡使用？如果沒有，原因何在？

(3) 必須做的事：列出一份大約有五十位客戶的名單，態度好的、差的和漠然的都要有；每星期至少與其中三位通電話；還要將最近 3 週內大宗銷售成交和告吹的專案列成清單，分別打電話給最近與你們談成生意的一位客戶及最近與你們終止業務往來的一位客戶，詢問其原因。

(4) 每星期分別打電話給自己公司中直接接觸客戶的三個業務部門（營業部門、服務部門、零售商店等），了解當天的經營情況。

(5) 你是否（透過錄影、參觀等途徑）使居於二線地位（管理資訊系統、財會、人事）的部門具體生動的了解客戶：你是否安排從事第二線工作的人員（定期）抽出時間拜訪客戶、參加零售部門的工作？

(6) 你是否在特定的時間把客戶「請進來」，以「我們為您服務得怎麼樣？」為主題，舉行為期幾天的座談會，深入細緻的聽取客戶意見呢？

(7) 你是否專門為「洗耳恭聽」意見而制定，例如規程和拜訪客戶呢？

(8) 高級經理人員（及各級經理人員）是否每季都在某些客戶業務部門工作？「技術專家」是否經常深入某些客戶業務部門參與實際的工作？

(9) 是否經常邀請客戶參觀幾乎所有的設施？客戶中從事各類工作的「代表」都在被邀請之列？是否訂有常規措施了解客戶對這些參觀訪問的意見？

(10) 所發的邀請收柬——我們請客戶的和客戶請我們的——是否從上至下一直發到以時計酬的人員？經常這樣做嗎？

牢記這十個建議，在與客戶溝通多加運用，相信一定會讓你受益良多。

與員工的個性化溝通方式

管理就是溝通、溝通、再溝通。

性格上有問題的下屬，往往是管理上棘手的一環。他們的工作習慣、態度不只影響他們本身的工作效率，還動輒將個人情緒發洩，容易影響到其他員工的士氣和生產力。所以，身為老闆不能忽視員工性格上的問題。當然，沒有人期望你能解決所有人的性格問題，即使諮商心理師也沒有這把握。但你可以在可能的範圍內和他們溝通一下，盡量了解他們的困難。

◆ 感情脆弱，容易受傷型

假如你的行業是要面對很大壓力的，而偏偏有容易受傷的員工，當他跟不上大團隊的進度，或犯錯時，你應怎樣處理？

首先，在措辭上力求小心。盡量少以個人立場發言，以免他有被針刺的錯覺，多強調「我們」和「公司」。小心不要傷害到對方的自尊心，把握機會稱讚他在工作上的其他表現和肯定他對公司的貢獻。對於容易受傷型的員工，老闆必須以鼓勵代替責罵。並向他解釋，執行不了公司的決策而出現差錯，和個人能力不一定有關。

◆ 悲觀型

員工事事悲觀，對新工作不抱希望，樣樣也不想改變，阻礙了公司的改進。要改變這類員工的觀念不易，作為老闆的在他面前一定要維持一貫樂觀進取的態度，讓他有所依賴。

假如他表示某方法不通，不妨讓他找出可行方法，鼓勵他積極進取。

◆ 脾氣暴躁型

公司內有脾氣暴躁的員工，自然永無寧日，爭吵不停，如何令大脾氣的下屬收斂一下？

首先，在該員工心平氣和時，讓他知道亂發脾氣不妥當處。並強調公司內不容許個別員工破壞紀律，也不會姑息亂發脾氣的行為。

不過，當他情緒激動時，最好先不要發言，聽他訴說心中的不平。一個憤怒的人，通常也會有很複雜的情緒，細心的聆聽可以令他平靜下來。

◆ 難以捉摸型

這種特立獨行的員工，通常會在一些創意性部門中找到。這類人多數對自己的工作能力十分自信，並恃才傲物。任何人也難以令他們改變。

像這種有才華但絕不妥協的員工，最令老闆頭痛，對他們又愛又恨。假如他的才能直接影響到公司的生意，那便只好順應他的個性發展出另一套適合他的管理方式，或向不習慣的客戶解釋他的特殊情況。

不過，如該員工不是從事創意性工作，而是從事生產或維修部門工作的話，則絕不可以採取放任態度，因為他會嚴重影響到公司的運作，和引起其他員工不滿。

第十一種能力：溝通即領導力

員工的個性往往會影響到公司的運作，一大意便會讓公司蒙受很大的損失，所以老闆絕不能只顧工作進度而忽視了人的因素。

▊ 保持理智的溝通藝術

經營路上難免要遇上難堪的誤解，遭到他人不公正的批評甚至辱罵，但要記住：不要讓對方一句不公正的批評或難聽的辱罵，而變得像對方一樣失去理智。

在芝加哥一家大型百貨公司裡，拿破崙‧希爾親眼看到了一件事，說明了自制的重要性。在這家百貨公司受理顧客提出抱怨的櫃檯前，許多女士排著長長的隊伍，爭著向櫃檯後的那位年輕女郎訴說他們所遭遇的困難，以及這家公司不對的地方。在這些投訴的婦女中，有的十分憤怒且蠻不講理，有的甚至講出很難聽的話。櫃檯後的這位年輕小姐一一接待了這些憤怒而不滿的婦女，絲毫未表現出任何憎惡。她臉上帶著微笑，指導這些婦女們前往合適的部門，她的態度優雅而鎮靜，拿破崙‧希爾對她的自制修養大感驚訝。

站在她背後的是另一個年輕女郎，她在一些紙條上寫下一些字，然後把紙條交給站在前面的那位女郎。這些紙條很簡要的記下婦女們抱怨的內容，但省略了這些婦女原有的尖酸而憤怒的語氣。

原來，站在櫃檯後面，面帶微笑聆聽顧客抱怨的這位年輕女郎是位聾子，她的助手透過紙條把所有必要的事實告訴她。

拿破崙‧希爾對這種安排十分感興趣，於是便去訪問這家百貨公司的經理。他告訴拿破崙‧希爾，他之所以挑選一名耳聾的女郎擔任公司

中最艱難而又最重要的一項工作，主要是因為他一直找不到其他具有足夠自制力的人來擔任這項工作。

拿破崙‧希爾站在那裡觀看那群排成長隊的婦女，他發現櫃檯後面那位年輕女郎臉上親切的微笑，對這些憤怒的婦女們產生了良好的影響。她們來到她面前時，個個像是咆哮怒吼的野狼，但當她們離開時，個個像是溫順柔和的綿羊。事實上，她們之中的某些人離開時，臉上甚至露出慚愧的神情，因為這位年輕女郎的「自制」已使她們對自己的作為感到慚愧。

自從拿破崙‧希爾親眼看到那一幕之後，每當對自己所不喜歡聽到的評論感到不耐煩時，就立刻想起了櫃檯後面那名女郎的自制而鎮靜的神態。而且他經常這麼想：每個人應該有一副「心理耳罩」，有時候可以用來遮住自己的雙耳。拿破崙‧希爾個人已經養成一種習慣，對於所不願聽到的那些無聊談話，可以把兩個耳朵「閉上」，以免在聽到之後徒增憎恨與憤怒。生命十分短暫，有很多建設性的工作等待我們去進行，因此，我們不必對說出我們不喜歡聽到的話語的每個人去進行「反擊」。

拿破崙‧希爾在他事業生涯的初期，他發現，由於缺乏自制，對生活造成了極為可怕的破壞。這是從一個十分普通的事件中發現的。這項發現使拿破崙‧希爾獲得了一生當中最重要的一次教訓。

有一天，拿破崙‧希爾和辦公室大樓的管理員發生了一場誤會。這場誤會導致了他們兩人之間彼此憎恨，甚至演變成激烈的敵對狀態。這位管理員為了顯示他對拿破崙‧希爾的不悅，當他知道整棟大樓裡只有拿破崙‧希爾一個人在辦公室中工作時，他立刻把大樓的電燈全部關掉。這種情形一連發生了幾次，最後，拿破崙‧希爾決定進行「反擊」。某個星期天，機會來了，拿破崙‧希爾到書房裡準備一篇預備在第二天晚上

第十一種能力：溝通即領導力

發表的演講稿，當他剛剛在書桌前坐好時，電燈熄滅了。

拿破崙‧希爾立刻跳起來，奔向大樓地下室，他知道可以在那裡找到這位管理員。當拿破崙‧希爾到那裡時，發現管理員正在忙著把煤炭一鏟一鏟的送進鍋爐內，同時一面吹著口哨，彷彿什麼事情都未發生似的。

拿破崙‧希爾立刻破口大罵。一連五分鐘之久，他都以比那個鍋爐內的火更熱辣辣的詞句對管理員痛罵。

最後，拿破崙‧希爾實在想不出什麼罵人的詞句，只好放慢了速度。這時候，管理員站直身體，轉過頭來，臉上露出開朗的微笑，並以一種充滿鎮靜與自制的柔和聲調說道：「呀，你今天有點激動吧，不是嗎？」

他的這段話就像一把銳利的短劍，一下子刺進拿破崙‧希爾的身體。

想想看，拿破崙‧希爾那時候會是什麼感覺。站在拿破崙‧希爾面前的是一位文盲，他既不會寫也不會讀，雖然有這些缺點，他卻在這場戰鬥中打敗了自己，更何況這場戰鬥的場合以及武器，都是自己所挑選的。

拿破崙‧希爾知道，他不僅被打敗了，而且更糟糕的是，他是主動的，而且是錯誤的一方，這一切只會更增加他的羞辱。

拿破崙‧希爾轉過身子，以最快的速度回到辦公室。他再也沒有其他事情可做了。當拿破崙‧希爾把這件事反省了一遍之後，他立即看出了自己的錯誤。但是，坦率說來，他很不願意採取行動來糾正自己的錯誤。

拿破崙‧希爾知道，必須向那個人道歉，內心才能平靜。最後，他費了很久的時間才下定決心，決定到地下室去，忍受必須忍受的這個羞辱。

拿破崙·希爾來到地下室後，把那位管理員叫到門邊。管理員以平靜、溫和的聲調問道：「你這一次想要做什麼？」

拿破崙·希爾告訴他：「我是回來為我的行為道歉的——如果你願意接受的話。」管理員臉上又露出那種微笑，他說：「憑著上帝的愛心，你用不著向我道歉。除了這四面牆壁以及你和我之外，並沒有人聽見你剛才所說的話。我不會把它說出去的，我知道你也不會說出去的，因此，我們不如就把此事忘了吧。」

這段話讓拿破崙·希爾的心情好受了許多，因為他不僅表示願意原諒拿破崙·希爾，實際上更表示願意協助拿破崙·希爾隱瞞此事，不使它宣揚出去，以對拿破崙·希爾造成傷害。

拿破崙·希爾向他走過去，抓住他的手，用力握了握手。拿破崙·希爾不僅是用手和他握手，更是用心和他握手。在走回辦公室途中，拿破崙·希爾感到心情十分愉快，因為他終於鼓起勇氣，化解了自己做錯的事。

在這件事發生之後，拿破崙·希爾下定了決心，以後絕不再失去自制。因為一失去自制之後，另一個人——不管是一名目不識丁的管理員，還是有教養的紳士——都能輕易的將他打敗。

由拿破崙·希爾的例子我們可以看出理智對公司經營者是多麼的重要，一個老闆無論你怎麼強，如果你在性格上過於情緒化、愛發脾氣，那結果只能使客戶或者你的下屬有意的躲開你，即使迫不得已的和你在一起，他們也會裝出一副虛假的表情，你將很難了解他們真實的想法，你的創業之路也將步履維艱。

做一個有理智，能自我控制的人是很難的，但也是很重要的，它是

第十一種能力：溝通即領導力

最主要的做人美德之一。對老闆來說，這一點更加重要，如果不能控制住自己的脾氣，那麼一切都會因失控而毀掉。

■ 讚美是溝通的利器

太陽能比風更快的脫下你的大衣；仁厚、友善的方式比任何暴力更容易改變別人的心意。

在人與人的交往中，適當的讚美對方，會增強溫暖、美好的感覺，創造出一種和諧的氣氛。

隨著社會的發展，競爭的激烈，人與人之間也越來越難以相處。要想讓別人對你敞開心扉，就要首先使他相信你的真誠。而幾句適度的讚美，能像潤滑劑一樣使對方產生親和心理，同時也展現了你的胸襟寬廣，氣度非凡，使別人願意同你交往，為交際溝通提供前提。

邱吉爾說：「你要別人具有怎樣的優點，你就要怎樣的去讚美別人。真誠的讚美可以使對方按照你的意圖去行事。」

1 讚美別人引以為榮的事

讚美別人引以為榮的事，能使人的自尊心與虛榮心得到滿足。當別人因為你的讚美而快樂時，也會「投之以桃，報之以李」，對你產生好的印象。當你提出要求和意見時，別人也容易接受。

那麼，怎樣才能了解別人引以為榮的事呢？如果是熟人，根據平時的接觸和了解，不難知道他值得自豪的成就或才能。如果是初次見面的陌生人，可以透過交談來了解，一般人都有那種不願「衣錦夜行」的心

理，對自己引以為榮的事總會若隱若現的透露出來，以便得到別人的肯定；也可以透過對方的朋友、同事來了解。比如：從事寫作的人當然希望別人稱讚自己文章寫得好，做生意的人當然希望別人認為自己精明能幹等等。

當然凡事都有例外，有些人引以為榮的事並非顯而易見。例如：金庸是個享譽極高的作家，但是，當別人誇讚他的作品時，他可能無動於衷，若是誇他圍棋下得好，他才會笑逐顏開。生活中這樣的例子不是很多，這就需要我們多留心，多發現。只有這樣，才能另闢蹊徑，不落俗套，以真誠的讚美打動別人的心。

2 滿足別人的虛榮心

「人是一種愛好名聲的動物」，每個人都有一定的虛榮心。虛榮心不但是一種自我肯定，也有一種尋求他人肯定的願望。當虛榮心得到滿足時，能給人帶來難以言喻的愉悅和自信心的高漲。因此，從某種角度來說，滿足別人的虛榮心，是在為別人製造歡樂。一個經常為別人帶來歡樂的人，肯定是一個受歡迎的人。

雖然每個人的虛榮心都有所差別，但就一般而言，才華和品貌是人人都渴望擁有的。從這兩方面入手來滿足別人的虛榮心，「雖不中，亦不遠矣」。

跟才能一樣，外貌也是每個人都看重的，尤其對女性而言，更是如此。

無論男女，「天生麗質」的畢竟是少數，但這不是說值得讚美的人極少。恰恰相反，跟才能一樣，每個人的外貌都有特質，即使是身材皮膚一無是處，在儀表風度著裝等方面也必有可取之處。

有人說，即使最漂亮的女人對自己的外貌都沒有絕對自信，也要靠讚美來維持信心。而男人對外貌的重視程度雖不如女人，但無不注重自身魅力，尤其是才能方面，需要得到別人的肯定。在這個世界上，人人都需要並渴望得到讚美。因此，給人以真誠的稱讚，滿足別人的虛榮心，將使他人和自己的生活變得更美好。

3　不用語言也可以讚美

美國總統羅斯福因為下肢癱瘓，不能使用普通的汽車，克萊斯勒公司為他製造了一輛特殊的汽車，只要按下按鈕，車子就可以開動，十分方便。當工程師錢柏林先生把這輛汽車開到白宮的時候，羅斯福立刻產生了很大的興趣，他的朋友和同事也都十分欣賞，並當著總統的面誇獎說：「錢柏林先生，我真感謝你花費時間和精力研製了這輛車，這是件了不起的事。」但是此時羅斯福總統卻接著欣賞特製車燈、特製後視鏡以及散熱器等，他注意到了每一個細節，並讓他的朋友們一起注意這些裝置的特殊性。這種無聲的欣賞正是一種具體化的表揚，比幾句簡單的讚美更讓克萊斯勒的員工們感到他們確實做了一件了不起的事情。

4　不要言過其實

在讚美別人的優點、成就之時，稍微誇張一點是可以的，因為讚美就是要發現別人的美，並用語言表達出來，說明你對他有好感，並讓他真切的感受到。但是如果誇張得過分，會適得其反，反而會讓人感到不舒服，懷疑你的誠意。

有一位年輕人十分欽佩恩格斯，於是他寫了一封熱情洋溢的信，在信中他讚美恩格斯為「偉大思想家」、「無與倫比的革命導師」等等，恩格

斯看了信之後非常生氣，他回信寫道：「我不是什麼導師、思想家，我的名字叫恩格斯。」

那麼我們如何防止在讚美別人的時候過度誇張呢？那就是要端正態度，不要把讚美變成拍馬屁，不要因為有求於對方而刻意讚美，同時也要看到對方的缺點和不足。

5　不要自我吹噓

在讚美別人的過程中，千萬不要把對別人的讚美變成了抬高自我形象的工具。即使你是無意的，對方也會不高興，因為他會覺得你自認為比他強，從而使他產生一種不自在，甚至厭煩。比如說：「你畫的畫不錯，只要再努力一下，一定會比我強。」

心理學家威廉・詹姆斯說過這樣一句話：「人性最深層次的需求就是渴望別人的欣賞。」在生活和工作當中，一句誠意的讚美，能使人如沐春風。每個人都需要讚美，渴望獲得掌聲和歡呼。

對他人由衷的讚美不僅是對他人價值的肯定，同時也會使他產生一種成就感，從而更加激發他的自信和勇氣。

換位思考，解決問題

作為領導者，必須擁有表達清楚、準確的自信，確信組織中的每一個人都能理解事業的目標。

戴爾・卡內基每一季都要在紐約的某家大旅館租用大禮堂二十個晚上，用以講授社交訓練課程。

第十一種能力：溝通即領導力

有一季，他剛開始授課時，忽然接到通知，房東要他付比原來多三倍的租金。而這個消息到來以前，入場券已經印好，而且早已發出去了，其他準備開課的事宜都已辦妥。

很自然，他要去交涉。怎樣才能交涉成功呢？兩天以後，他去找經理，說：

「我接到你們的通知時，有點震驚。不過，這不怪你。假如我處在你的位置，或許也會寫出同樣的通知。你是這家旅館的經理，你的責任是讓旅館盡可能的多盈利。你不這麼做的話，你的經理職位難以保住，也不應該保得住。假如你堅持要增加租金，那麼讓我們來合計一下，這樣對你有利還是不利。

先講有利的一面。大禮堂不出租給講課的而是出租給舉辦舞會、晚會的，那你可以獲大利。因為舉行這一類活動的時間不長，他們能一次付出很高的租金，比我這租金當然要多得多。租給我，顯然你吃大虧了。

現在，來考慮一下不利的一面。首先，你增加我的租金，卻是降低了收入。因為實際上等於你把我嚇跑了。由於我付不起你所要的租金，我勢必再找別的地方舉辦訓練班。

還有一件對你不利的事實。這個訓練班將吸引成千上萬的有地位、受過教育的中上層管理人員到你的旅館來聽課，對你來說，這難道不是達到不花錢的廣告作用了嗎？事實上，假如你花五千元美金在報紙上登廣告，你也不可能邀請這麼多人親自到你的旅館來參觀，可是我的訓練班卻把你邀請來了。這難道不划算嗎？」

講完後，卡內基告辭了，並說：「請仔細考慮後再答覆我。」當然，最後經理讓步了。

在卡內基獲得成功的過程中，沒有談到一句關於他要什麼的話，他是站在對方的角度想問題的。

可以設想，如果他氣勢洶洶的跑進經理辦公室，提高嗓門叫道：「這是什麼意思！你知道我把入場券印好了，而且都已發出，開課的準備也已全部就緒了，你卻要增加三倍的租金，你不是存心整人嗎？三倍！好大的口氣！你病了！我才不付哩！」

想想，那該又是怎樣的局面呢？大爭大吵必然兩敗俱傷了，你會知道爭吵的必然結果：即使他能夠辯得過對方，旅館經理的自尊心也很難使他認錯而收回原意。

設身處地替別人想想，了解別人的態度和觀點比一味的為自己的觀點和主張要高明得多，不管在談生意還是說服下屬的時候都是如此。

你如果要勸說一個人做某件事，在開口之前。最好先問問自己：我怎麼樣才能使他願意去做這件事呢？聰明的管理者都善於與別人合作，他們懂得站在對方的立場上考慮問題。

▌傾聽是有效溝通的前提

所謂的「耳聰」，也就是「傾聽」的意思。

聆聽得越多，你就會變得越聰明，掌握的資訊也就越多，就會被更多的人喜愛和接受，就會成為更好的談話夥伴。

葛黛德・羅倫斯是一位出色的演員，她在臺上的時候無時無刻不在傾聽觀眾的反應。她由觀眾的靜默、掌聲、咳聲、清嗓子等等，了解自己演出的成敗。每次演出結束之後，她都由聽到的觀眾反應來總結自己

第十一種能力：溝通即領導力

演出的成敗。聆聽使她準確的掌握住觀眾，使越來越多的觀眾喜歡她。

賞識的聆聽，不僅能刺激說者，使他意氣昂揚，還會使你主動去影響對方，從中獲得收益。

傾聽不僅可以觀察對方，使對方產生愉悅的感覺，而且還可以隱藏你的弱點。我們都不是完人，在某些領域，我們是無知的，然而你的靜默或許可以傳遞給他人一種高深莫測的印象。我們既能從中獲取知識，又能保持住一份良好的形象，何樂而不為呢？

傾聽的技巧如下：

◆ 姿態上與說話者保持一致

實驗證明，人們對與自己有相同行為習慣的人有著極強的吸引力。當我們傾聽別人講話的時候，儘管沒有必要刻意模仿說話者的每一個動作，來博取他的好感，但我們還是應該注意與說話者的姿態保持一致。如當對方在同你講一些很嚴肅的話題時，你就不要歪著頭，即使他歪著頭，你也不可以歪著頭。但如果對方話題輕鬆，你也就沒有必要非得站得筆直，刻意告訴對方，我在認真的聽你講話喲。肩膀要盡量與說話者保持在同一水平線上。

◆ 保持目光的接觸

俗話說：眼睛是心靈之窗。眼神可以傳達各種複雜的資訊，如高興、痛苦、憤怒等等。當我們傾聽他人講話時，不時的保持著目光的交流，用眼神去表達你對他講話的肯定、贊同或疑問，這都會使對方覺得你是在認真聽他講話，並且你在思考，這對於說話者十分重要，可以贏得他的讚許，獲得他的信任。如果你還不習慣直視對方，那就看著對方的雙眉之間，可以擺脫尷尬。

◆ 使用肢體語言

一個微笑、一個點頭、一個手勢都可以很自然的把自己與說話者融合在一起。傾聽時，充分調動你所有的感官，表現出活潑敏捷的表情。身體略前傾，使對方覺得你在努力想明白他所講的主題的含意。不時對他的講話表示贊同，「是」，「對」，「我同意」。

◆ 不要輕易打斷對方的話題

無論你多麼想開口講話，想發表你的見解，都要忍住，千萬不要打斷對方的話題。

溝通首先是傾聽的藝術，只要你學會了傾聽，你就擁有了良好溝通的前提。

在溝通的過程中，許多人在注意自己如何講話的同時，卻忽略了一種十分重要的能力——學會傾聽他人講話的能力，是否學會了傾聽決定你能否做成生意、獲得機會、贏得客戶。

與意見不同者的溝通策略

不善於傾聽不同的聲音，是管理者最大的疏忽。

提出建議，讓對方自己得出結論，是一種最好的溝通方法。與人交談，當意見不同時，如何才能懇切的表達自己的意見而又不得罪人呢？

◆ 兩分法

用辯證的觀點先肯定對方的意見有合理的因素，再提出自己的不同意見。比如「剛才提出的意見有一定的道理，是一種辦法，但我以為還是……更好」，接著，具體說明理由，這樣可避免使人難堪。

第十一種能力：溝通即領導力

◆ 商量法

盡量用商討或詢問的口吻，不用命令或過於絕對的語氣。比如：「你的意見是這樣，我覺得是不是可以那樣？說不定那樣更好，你再想想。」或者「我們能不能換一個角度來考慮？你看那樣行不行？」先商量，當對方仍堅持己見時，你再用堅定的語氣也不遲。

◆ 為難法

當你的意見與對方的意見分歧較大時，在說出來之前，你可表現出猶豫不決或吞吞吐吐的樣子，讓對方勸你說出來：「講吧，沒關係的，有什麼不同意見就直說。」此時，你可以告訴對方：「我們一直合作很好，我們都是直腸子的人，我就不客氣啦。」以求對方心理平衡。

◆ 析弊法

肯定對方的觀點是──個方法，然後由其推導出可能產生的不良後果，在此基礎上，再提出自己的意見。當然分析對方意見的弊端要實事求是，有理有據。

◆ 藉助法

有時，自己直接說出不同意見比較為難，譬如面對的是老師、長輩或上司。可藉助同類型的，對方也熟悉、或已證明了的事例來替代自己的意見，即用事實說話。

「蚊子遭扇打，只為嘴傷人」，因為意見不同而衝撞別人，是得不償失的。在這種情況下，我們要善於根據實際情況採取有針對性的措施，表明自己的立場。

提高溝通能力的四字訣：聽、說、讀、寫。

今日的溝通與昔日溝通的最大差異：由於科技的介入,「溝通」已超越時間、空間,甚至於權力與階級的圍牆。

　　老闆要精通其業務,成為這方面的專家,同時還要處理好公司與外界的關係,真可謂是身兼數職了。他們大多精明、幹練、能力較強,這當然需要一定的天賦,但最主要還是來自後天的刻苦鑽研,努力探討。

　　當然,要做到各方面都具有較強的能力,是不大可能也是不大現實的,但有一點對於老闆來說是必須要具備的,即溝通能力,因為在老闆的日常工作中,無論是接洽業務、分配工作、制定計畫,都需要這種能力。可以毫不誇張的說,溝通能力是老闆必不可少的極其重要的一種能力。

　　那麼怎樣才能提高自身的溝通能力呢？實踐出真知,老闆要從自己工作中的瑣事做起。

　　首先要多聽。聽公司裡高級職員關於業務工作的討論,聽部屬對公司現狀的評論,聽其他公司同行介紹經驗或是講述教訓,以及聽與公司業務有關的專業講座等等。

　　這裡所謂的聽,不是僅指聽見而已,是要用心去聽,能從講話者的長篇大論中抓重點,或是篩選出對自己有用的材料,然後判斷、歸納,最後形成自己的新觀點,或者從中吸取教訓、獲得經驗。這樣看來,「聽」並不是一件容易的事情,一定要認真的聽,並且要聽「進去」,說不定從兩名售貨員的閒談中,你會獲得很重要的市場資訊呢！

　　其次還要多讀,讀與聽可以獲得同樣的效果,但是「聽」比較被動,別人不說,你從何而聽呢？相比之下,「讀」的自主性就比較大了,但有的老闆會說：「我每天的工作都安排得很緊張,連吃飯都在談工作,哪有時間讀啊！」假如你是這樣想的,那就大錯特錯了。閱讀能力的培養是

第十一種能力：溝通即領導力

長期的，不是靠一朝一夕就能完成的。的確，要從快節奏的商業活動中抽出整塊的時間來讀書、看雜誌是不大可能的，但並不是沒有方法。

這裡給你一個建議：不妨把要看的東西，比如一本書、一本雜誌放在隨身的公事包裡，一有時間就拿出讀一點，長期堅持下去，你就感到能力倍增。當然，在讀的同時，還要進行思考。如果採取走馬看花的辦法來讀，那麼即使你讀的再多，也是毫無意義的。

「聽」與「讀」都是從外界輸入東西，而「說」和「寫」就是要向外界輸出東西了。你必須把自己的想法整理成章，整理一個比較完善、系統的觀點，然後介紹給別人，讓別人能夠正確的理解你的意思，同時還要注意搜集別人的反應，從中提煉出有用的東西，使自己的觀點更加完善。

「聽、說、讀、寫」是提高溝通能力的最有效途徑。作為老闆，應該不斷的學習，不斷的充實自己，使自己成為一個名副其實的企業家。

■ 餐桌溝通的技巧

酒作為一種交際媒介，迎賓送客，聚朋會友，彼此溝通，傳遞友情，發揮了獨到的作用，所以，了解一些餐桌上的奧妙，有助於你與人交際的成功。

1　餐桌上應有適度的交談

在餐桌上應熱忱的與他人交談，這是一種禮貌的表現。默默用餐固然要避免，但也不可只與熟人熱絡的交談而冷落了同座陌生友人。交談對象，一般與左右鄰座為宜，最好不要隔著別人交談，尤其不宜大聲與

餐桌對面的人交談，但也不要耳語。交談時，要注視著對方的眼睛，除了回答外，也要主動的問話，這樣話題才能持續，不會中斷。

2　準備輕鬆話題營造好的氣氛

適於餐桌上的話題，以軟性題材為要，如文化、旅遊、運動等，都是很好的話題。也可以就近取材，如會場的布置、餐桌的擺飾、讚美菜餚、飲料等。不過，千萬要避免有關服務員的話題，因為可能不慎傷及他們的自尊心，近而就會影響到他們的服務態度。

如果實在找不出話題，討論服飾通常最能引起共鳴，「你的西裝頗具歐風」、「你戴的珍珠項鍊看起來好高貴」這些話題，都能很快的引起對方的興趣，營造出熱絡的用餐氣氛。

3　餐桌上應避免的話題

用餐的話題以風雅、輕鬆為要，嚴肅的政治、經濟、宗教話題，反而會引發不必要的緊張氣氛，倘若因為觀點不同而發生爭辯，更是嚴重破壞用餐氣氛，使整桌人都感到尷尬。

另外，多人相聚的場合，有人喜歡講開黃腔或以調侃他人來引發笑聲，這樣雖然可能會營造氣氛，但也很容易得罪人，有人甚至認為下流，憤而離席。尤其有女士在座時，更要注意。

平常多收集一些資料，充實自己的常識，那麼在任何情況下都可以很快的找出適當的話題。如果實在是不擅長聊天或缺少話題，不妨當──位好聽眾，不時的面帶微笑點頭附和，遇有不懂之處開口請教，便能維持良好的用餐氣氛。

第十一種能力：溝通即領導力

語言得當，幽默詼諧，往往會給人留下深刻的印象。在餐桌上溝通，老闆只有說對話、做對事，才能在餐桌上增添一道最好的菜。

生活中，酒作為一種交際媒介，迎賓送客，聚朋會友，彼此溝通，傳遞友情，發揮了獨到的作用，所以，講究餐桌上的說話技巧，有助於交際的成功。

溝通中的十大禁忌

如果你是對的，就要試著溫和的、技巧的讓對方同意你；如果你錯了，就要迅速而熱誠的承認。這要比為自己爭辯有效和有趣得多。

1 出現爭辯時，不要把人家逼到山窮水盡的地步

當將要陷入頂撞式的辯論漩渦之中的時候，最好的辦法是繞開它。針鋒相對，咄咄逼人的爭辯不能服人心。被你的雄辯逼迫得無話可說的人，肚子裡常會生出滿腹牢騷、一腔怨言。不要指望僅僅以唇舌的口頭之爭，便可改變對方已有的思想和成見。你爭勝好鬥，堅持爭論到最後一句話，雖可獲得表演勝利的自我滿足感，但並不可能令對立方產生好感，所以在交談中，必須堅持「求同存異」的原則，不必把自己的觀點強加於人。

2 不要說大話，過於賣弄自己

誇口、說大話、「吹牛皮」者，常常是外強中乾，其目的只不過是為了引起大家對他的關注，以滿足自己的虛榮心。朋友、同事相處，貴在

講信用。不能辦到的事，胡亂吹噓會給人以巧言令色，華而不實之感。

過於賣弄自己，顯示自己多麼有才華，知識多麼淵博，對方會覺得相形見絀，感到難堪，這也不利於雙方的交往。

3　不要喋喋不休的訴苦，發牢騷

內心有痛苦、積怨、煩惱、委屈，雖需要找人訴說，但不能隨便的在不太熟悉的、不太親密的人面前傾訴。一是對方可能沒有多大興趣；二是不了解你的實際情況，很難產生同情心；三是可能誤解你本身有毛病、有缺點，所以才有這麼多的麻煩。你的發揮若招致對方的厭倦，就極為不妙了。所以，要保持心理上的鎮定，控制自己，力爭同任何人的談話都有實際意義。

4　在朋友失意時，不要談自己的得意事

處在得意日，莫忘失意時。朋友向你表露失落感，傾吐心腹事，本意是想得到同情和安慰。你若無意中把自己的自滿自得同朋友的倒楣、失意相對比，無形中會刺激對方的自尊，他也許會認為你是在嘲笑他的無能，這樣的誤會很難消除，所以講話千萬要慎重。

5　不要用訓斥的口吻

朋友、同事間的關係是平等的，不能自以為是，居高臨下，唯我獨尊。盛氣凌人的訓斥會刺傷對方的自尊心。這種習性將使你成為孤家寡人。人類有一種共同的個性，沒有誰喜歡接受別人的命令和訓斥。不要自以為是，應讓別人保住面子。

6　不要揚人隱私

任何人都有隱私，在心靈深處，都有一塊不希望被人侵犯的領地。現代人極為強調隱私權。朋友出於信任，把內心的祕密告訴你，這是你的榮幸。但是你若不能保守祕密，則會使朋友傷心，同事怨恨。隱私是人的心靈深處最敏感、最易激怒、最易刺痛的角落。當面或背後都應迴避這類話題。

7　交談時，不要伴隨一些不禮貌的動作

為尊重對方，必須保持端莊的談話姿態。抖腿、挖鼻孔、哈欠連天等都是不禮貌的。尤其不要一直牢牢的盯住別人的眼睛，這會使對方覺得窘迫不安；也不要居高俯視，這會給人高高在上的感覺；不要目光亂掃，東張西望，這會使對方覺得你漫不經心或別有他圖。

8　不要只關注一個人

在和三人以上的多人交談時，不能只關注一個人而冷落旁人。最好是一個話題喚起大家的興趣，讓眾人都有發表見解的機會。

9　不要中間把話題岔開或轉開

話題被打斷，會讓對方產生不滿或懷疑的心理。或者認為你不識時務，水準低，見識淺；或者認為你討厭、反感這類話題；或者認為你不尊重人，沒有修養。如此，雙方便無法建立起親密的關係。

10　不要滔滔不絕的談對方生疏的、不懂的話題

　　你所熟悉的專門的學問，對方不懂，也沒有興趣，就請免開尊口，滔滔不絕的介紹這方面的內容，對方會產生錯覺。或認為你很迂腐，或認為你在賣弄，或覺得你是在有意使他難堪。

　　溝通是老闆發揮影響力的管道，是激勵員工的一種重要手段，是促使公司變得強大的群體活動工具，所以，老闆在溝通時一定要避免以上十種禁忌。

第十一種能力：溝通即領導力

第十二種能力：老闆的口才修練

言談禮儀：深入交談的起點

良好的過渡對於聽眾來說非常重要，因為它能使聽眾感覺被帶入了一片平坦的大陸，而不用在泥濘的沼澤中艱苦跋涉。

人類用來溝通的工具或媒介，包括語言、文字、態度、表情和姿態。其中最普遍、最有效的工具為語言，它占所有的溝通流量 90% 以上。良好的談吐，不但可以增進人與人之間相互了解，而且可以把彼此間的歧見，逐漸凝聚成為共同的意見。它代表一個人的精神、睿智和學識修養。更重要的是它能為你贏得別人的喜愛，能為你的人際關係和事業發展創造機遇。

有位小說家曾說：「日常生活中大部分的摩擦衝突都起因於惱人的聲音、語調以及不良的談吐習慣。」此話說得頗有道理。只要我們仔細觀察生活於自己身邊的人就會發現，談吐的缺陷往往會導致一個人事業的不幸或損及所服務機構的榮譽與利益，可能導致父子不和、夫妻離異乃至人際關係的緊張惡化。一個人的談吐如何，往往決定公司是否願意聘請他工作、別人是否願意與之交往，或是否願意投他信任一票與之發生商業關係。

一個人如果談吐有障礙或者表達能力不足，則會被人低估他的能力。一個人即使思想如星星熠熠生輝，即使勤奮得如一頭老黃牛，即使知識淵博得像一本百科全書，但若缺乏良好的談吐能力，成功的機遇往往比其他人要少得多，也往往難以達到自己的理想目標。可見良好的談吐對人生是多麼重要，但要想擁有它就必須從最基本的言談禮儀開始。

平常我們說話有許多口頭「敬語」，可以用來表示對人尊重之意。例如「請問」有如下說法：借問、動問、敢問、請教、借光、指教、見教、

討教、賜教等;「打擾」有如下詞彙:勞駕、勞神、費心、煩勞、麻煩、辛苦、難為、費神、偏勞等等委婉的用詞。如果我們在語言交際中記得使用這些詞彙,相互間定可形成親切友好的氣氛,減少許多完全可以避免的摩擦和口角。

你和別人相見,互道「你好」,是再容易不過的事情了。可別小看這聲問候,它傳遞了豐富的資訊,表示尊重、親切和友情,顯示你懂禮貌,有教養,有風度。其實,許多小小的日常生活用語都是人際交往中不可忽略的。

日本人說話愛說「謝謝」。有人統計,一個在百貨公司工作的日本職員,一天平均要說 571 次謝謝,否則他就不是一個好職員,有被解僱的可能。不管 571 次這個數字是否準確,但有一點必須承認,顧客如果買了東西,營業員對他說聲「謝謝,歡迎再來」,顧客即使不買東西,只是逛了一圈,仍對他說聲「謝謝,歡迎光臨」,相信這位顧客下次更願意光顧這樣洋溢著溫馨氣氛的場所。

與日本人愛說謝謝不同的是,美國人說話愛說「請」。說話、寫信、打電話都愛用這個「請」字,如請坐、請講、請轉告。傳聞美國人以前在打電報時,寧可多付電報費,也絕不省掉「請」字,因此,美國電話總局每年從請字上就可多收入一千萬美元。美國人情願花錢買請字,我們與人相處,說個請字,既不費力,又不花錢,又何樂而不為呢?

英國人說話少不了「對不起」這句話,凡是請人幫助之事,他們總開口說聲對不起:對不起,我要下車了;對不起,請給我一杯水;對不起,佔用您的時間了。英國警察對違章司機就地處理時,先要說聲「對不起,先生,您的車速超過規定」。兩車相撞,大家先彼此說對不起。在這樣的氣氛下,雙方自尊心同時獲得滿足,爭吵自然不會發生。

第十二種能力：老闆的口才修練

相形之下，國內有些人則以吵架為主。馬路上，騎車者碰倒了行人，有的騎車者就會先發制人：「混蛋，你怎麼不閃開？」被撞者是受害方，自然也就不會讓步，於是謾罵、廝打的事情就會時有發生。此時，如果騎車人開始真誠地說聲「對不起，您沒受傷吧？」被撞者如果再大度一些，那麼結果可能就大相徑庭了。

語言溝通與個人的人格特質關係是非常密切的。人格是一個人恆常固定的行為模式。因而具有下列品格對一個人擁有高超的人際關係來說至關重要，而擁有良好的人際關係又必須從最基本的言談禮儀開始：

懂得讚揚別人，讚揚別人要對事讚揚，並表示真誠；

爭辯是傷害人際關係和友誼的毒箭，多應用商量和協調，少逞強爭辯；

說話不可武斷，不說掃興話。即使心有不快，亦不可借嘲弄來諷刺別人；

語氣要溫和客氣，越是不滿和激怒，越需要用溫和與客氣來處理，頂撞對你絕無好處；

避免採取教訓別人或礙於情面而勉強接受意見，那對彼此都無益處。要平心靜氣討論問題的本身，而不能毛毛躁躁地攻擊對方的自尊心；

要學會聆聽，仔細的聽，欣賞別人的意見，並測量他究竟與自己的意思相差多遠。要常常提醒自己，一定有一個更好的答案，夾在兩者的中間；

當你感覺到受激怒時，應該說「讓我想想」，爭取短短的十幾秒鐘，讓自己不說話。你的心思會有時間和空間來做休息，激動的語言就不致脫口而出，出口傷人；

少使用批評的語句，多解析事情的真相，先談彼此同感的事情，讓對方一開始就說：「不錯！不錯！」接二連三地提出對方認為正確的部分，又不斷贊同他的論點。最後，使對方不知不覺地同意幾分鐘前還堅決否定的結論。千萬不要直接告訴他的錯處，而要平心靜氣引導對方贊同自己的結論。

　　巧妙地運用一些人際交往及語言交談的技巧，能為你的深入交談打下一個堅實的基礎。要知道談話得體會讓別人永遠喜歡你，它能促使你在人際交往和事業中更成功一點。

　　即使你擁有了滔滔不絕的雄辯口才，也要注意保持自己的禮儀和修養，沒有人會喜歡滿嘴髒話粗俗不堪的人。談吐得體、言談雅致的話能得到所有人的喜愛，也能為彼此深入交談打下基礎。

談生意中的說服技巧

　　人們並不想反對你，他們只是在滿足自己的需求。

　　玫琳凱化妝品公司的創始人玫琳凱‧艾施在她的暢銷書《玫琳凱論人事管理》裡面寫道：「每個人都與眾不同，我真的相信這一點。我們每個人都會自我感覺良好，但我認為讓別人也這麼想同樣重要。無論我見到什麼人，我都竭力想像他身上顯現一種看不見的信號：讓我感覺自己很重要，我立刻就對此做出反應和表示，於是奇蹟出現了。」

　　懂得如何讓別人自我感覺良好，是成功的總經理必須具備的素養之一。

　　已故的哈伯博士原是芝加哥大學的校長，也是他那一時代最好的一

位大學校長，他喜愛籌募數額龐大的基金。

一次，哈伯先生需要額外的100萬美元來興建一座新的建築。他拿了一份芝加哥億萬富翁的名單，研究他可以向什麼人籌募這筆捐款。結果他選了其中兩個人，每一個都是超級富翁，而且彼此都是仇恨很深的敵人。

其中一位當時是擔任芝加哥市區電車公司的總裁。哈伯博士選了一天的中午時分——因為，在這時候，辦公室的人員，尤其是這位總裁的祕書，可能都已外出用餐了——悠閒地走入他的辦公室。對方對於他的突然出現，大吃一驚。

哈伯博士自我介紹說道：

「我叫哈伯，是芝加哥大學的校長。請原諒我自己闖了進來，但我發現外面辦公室並沒有人，於是我只好自己決定，走了進來。

我曾多次想到你，以及你們的市區電車公司。你已經建立了一套很好的電車系統，而且我知道你從這方面賺了很多錢。但是，每一想到你，我總是要想到，總有一天你就要進入那個不可知的世界。在你走後，你並未在這個世界上留下任何紀念物，因為其他人將接管你的金錢，而金錢一旦接手，很快就會被人忘記它原來的主人是誰。

我常想到提供你一個讓你的姓名永垂不朽的機會。我可以允許你在芝加哥大學興建一所新的大樓，以你的姓名命名。我本來早就想給你這個機會，但是，學校董事會的一名董事先生卻希望把這份榮譽留給×先生（這位正是電車公司總裁的敵人）。不過，我個人在私底下一向欣賞你，而且我現在還是支持你，如果你能允許我這樣做，我將去說服校董事會的反對人士，讓他們也來支持你。

今天我並不是來要求你做成任何的決定，只不過是我剛好經過這

裡，想順便進來坐一下，和你見見面，談一談。你可以把這件事考慮一下，如果你希望和我再談談這件事，麻煩你有空時撥個電話給我。再見，先生！我很高興能有這個機會和你聊一聊。」

說完這些，他低頭致意，然後退了出去，不給這位電車公司的總裁表示意見的機會。事實上，這位電車公司總裁根本沒有任何機會說話，都是哈伯先生在說話，這也是他事先如此計劃的。他進入對方的辦公室只是為了埋下種子，他相信，只要時間來到，這個種子就會發芽，成長壯大。

果然，正如他所預想的那樣，他剛回到大學的辦公室，電話鈴就響了，是電車公司總裁打來的電話。他要求和哈伯博士訂個約會，他獲得准許。第二天早上，兩人在哈伯博士的辦公室見了面，一個小時後，一張100萬美元的支票已經交到哈伯博士的手上了。

為了清楚地展示哈伯先生的說服別人的高明之處。我們不妨再來做這樣的假設，他在和那家電車公司總裁見面後，開頭就這樣說：「芝加哥大學急需基金來建造大樓，我特地前來請求你協助。你已經賺了不少錢，你應該對這個使你賺大錢的社會盡一份力量才對（也許，這種說法是正確的）。如果你願意捐100萬美元給我們，我們將把你的姓名刻在我們所要興建的新大樓上。真是這樣，結果會如何呢？

顯然，沒有充分的動機足以吸引這位電車公司總裁的興趣。這句話也許說得很對，但他可能不願承認這一事實。

哈伯博士的高明之處就在於，他以特殊的方式提出說詞，而製造出機會。他使這位電車公司總裁處於防守的地位（似乎是哈伯在給他幫忙，而不是有求於他）。他告訴這位總裁說，他（哈伯博士）不敢肯定一定能說服董事會接受這位總裁想使他的姓名出現在新大樓的欲望，因為，

他在那位總經理腦中灌輸了這個念頭：如果他不予捐款的話，他的對手及競爭者可能就要獲得這項榮譽了。

哈伯博士不愧為說服高手，他的真實的「謊言」讓自己成功的獲得了一大筆捐款，他的這一說服案例也成為一段傳奇，成為所有商人學習和借鑑的榜樣。

做生意從本質上來說就是合作。如何把合作的意向變為現實，就看你說服別人的能力高低。但凡躋身於生意場的人，智商都不會太低，於是你必須有一些技巧，把合作實現，也就是說把生意做成，目的只有一個，方法可以不一樣，關鍵是能讓對方動心。

良好表達的四大基本要求

有思想而不表達的人就等同於沒有思想。

話說好了，耳朵聽著順，心裡想得通；話說擰了，熱心能變涼，好事能變壞。有些總經理不懂得「良言一句三春暖，惡語傷人六月寒」的道理，在工作中經常因說話不得法而不能奏效，甚至適得其反。從這一點上說，就是要把話說好，就是要「能言善講」，「能說會道」。

總經理要提高自己的語言表達能力，一般應在以下四個方面加強鍛鍊：

◆ 聲音洪亮，富有節奏

總經理在講話、做報告時，要振作精神，不可無精打采，聲音要洪亮，語氣要堅定有力。同時，要富有節奏，做到聲調有高有低，有起有伏，語氣有輕有重，有強有弱，速度有快有慢，有緩有急，抑揚頓挫，不

可平鋪直敘。要根據所講的內容、聽眾的情緒、場面的大小，不斷變換聲調。如重點內容聲音放高，語氣加重，速度減慢；一般內容，聲音放低，語氣緩和，速度稍快。在講課時，發現有人睡覺，突然放大聲音，給予睡覺者震動，也是用變換聲調來調節人們聽講情緒的一種方法。

◆ 情理交融，聲情並茂

講話時，要把聲調、表情、遣詞用語所要表達的內容配合起來，一致起來。例如：在講到愛護集體利益的行為事例時，以高興的感情，使用稱讚、欣賞的詞句，就會使大家在認識到這種行為能給集體帶來好處的同時，產生一種榮譽、嚮往、羨慕的體驗；在講到不守紀律的行為事例時，以厭惡的感情，使用指斥、責備的詞句，就會使大家產生一種羞恥、鄙視、不滿的體驗。這樣就會有感染力，號召力，使聽者有了鮮明的情感傾向，甚至給人摩拳擦掌的鼓動作用，去改正自己的不好行為，多做些有益的事情。

◆ 手勢姿態，巧妙配合

講話做報告，要把口述的表達、手勢的動作和板書的運用巧妙地結合起來，協調一致。根據需要，做一個恰當有力的動作會給人留下永久不忘的印象。有些用多少話也說不清的內容，在黑板上幾個字一寫，就一目了然了。

◆ 咬字清楚，通俗易懂

講話說話的基本前提，就是使人聽得清、聽得準、聽得懂。口音準確，咬字清楚，通俗易懂是要注意加強這一基本功的訓練，要盡量運用群眾語言達到交流的目的，「眾口難調」，講話的人要照顧多數，盡量說國語，不然，別人聽不懂，仍然是在做無效勞動，達不到期望的。

第十二種能力：老闆的口才修練

工作中的語言表達也是一門藝術。如果侃侃而談，娓娓動聽，能使人受到較強的感染。無論是同別人交心，還是用道理去說服人，都要靠嘴一字一句去表達。如果口笨舌拙，詞不達意，那是達不到目的的。

生意場合的恭維之術

人人都需要讚美，你我都不例外。

俗語有這樣兩句：「逢人短命，遇貨添錢。」假如你遇著一個人，你問他多大年齡了，他答：「今年 50 歲了。」你說：「看先生的面貌，只像 30 歲的人，最多不過 40 歲罷了。」他聽了一定喜歡，這就是所謂的「逢人短命」。又如走到朋友家中，看見一張桌子，問他花多少錢買的，他答道：「花了 40 元。」你說：「這張桌子，一般價值 80 元，再買得好，也要 60 元，你真是會買。」他聽了一定也很喜歡。這就是所謂的「遇貨添錢」。人的天性如此，自然也就有了這樣的說法。

菲德爾費電氣公司的約瑟夫・S・韋普先生，曾經用這一妙招，使一個拒他於千里之外的老太太，十分樂意地與他達成了一筆大生意，順利完成了推銷用電的任務。

那天韋普走到一家看來很富有很整潔的農舍前去叫門。當時戶主布拉德老太太只將門打開一條小縫。當得知他是電氣公司的推銷員之後，便猛然把門關閉了。韋普再次敲門，敲了很久，大門儘管又勉勉強強開了一條小縫，但未及開口，老太太卻已毫不客氣地破口大罵了。

韋普並沒有退卻的意思，經過一番調查，他終於找到了突破口。這一天，韋普又上門了，等門開了一條縫時，他趕緊聲明：「布拉德太太，很對不起，打擾您了，我的訪問並非為電氣公司，只是要向您買一點雞

蛋。」老太太的態度當時就溫和了許多，門也開得大多了。韋普接著說：「您家的雞長得真好，看牠們的羽毛長得多漂亮。這些雞大概是有名的品種吧！能不能賣一些雞蛋呢？」這時門開得更大了，這時那位老太太反問道：「您怎麼知道這雞與眾不同呢？」韋普知道，辦法已初見成效了，於是更加誠懇而恭敬地說：「我家也養了這種雞，可是像您所養的這麼好的雞，我還從來沒見過呢！而且，我家的雞，只會生白蛋。附近鄰居也都說只有您家的雞蛋最好。夫人，您知道，做蛋糕得用好雞蛋。我太太今天要做蛋糕，我只能跑到您這裡來⋯⋯」老太太頓時眉開眼笑，高興起來，把韋普先生引進門裡來了。

韋普利用這短暫的時間瞄了一下四周的環境，發現這裡有整套養乳牛的設備，斷定男主人一定是養乳牛的，於是繼續說：「夫人，我敢打賭，您養雞的錢一定比您先生養乳牛的錢賺得還多。」老太太心花怒放，樂得幾乎要跳起來，因為她丈夫長期不肯承認這件事，而她則總想把「真相」告訴大家，可是沒有人感興趣。

布拉德太太馬上把韋普當做知己，不厭其煩地帶他參觀雞舍。韋普知道，他新辦法的效果已漸入佳境了。但他在參觀時還是不失時機地發出由衷的讚美。

老太太毫無保留地傳授了養雞方面的經驗，韋普先生便極其虔誠地當做學生。他們變得很親近，幾乎無話不談。在這個過程中，老太太也向韋普請教了用電的好處。韋普針對養雞需要用電詳細地予以說明，老太太聽得很專注。

兩星期後，韋普在公司收到了老太太的用電申請。幾句恰到好處的恭維話就讓韋普得到了他所想要的東西。看來恭維的語言的確能夠起到點石成金的效果。

第十二種能力：老闆的口才修練

恭維別人需要的是掌握火候和恰到好處，這是行走商場的總經理所必須掌握的語言技巧。

■ 運用道具提升說服力

說話並不是單純的嘴上藝術。

做生意只要你願意動腦筋，能說會道，再難的堡壘也會被你攻破。

20多年以前，美國激勵大師金克拉在美國銷售廚具。一天他向一位附近有名的守財奴喬治先生推銷廚具：「喬治先生，我這裡有您所看過，用過的廚具當中最好的廚具，您太有必要擁有一套了。」守財奴喬治說：「真高興看到你，我們彼此都知道我是不可能花400塊買些鍋碗瓢盆。無論如何也只是請你進來坐下聊聊天。」

喬治的話讓金克拉有點無所適從，因為這個開始實在是不理想，但金克拉還是笑著對他說：「您可能知道您不打算買東西，但我可不這樣認為。」守財奴喬治：「我再說一次，我可以和你聊天但我不打算買任何東西。」金克拉：「您知道我們有許多共同點嗎？」守財奴喬治：「喔？有哪些？」金克拉：「是這樣的。我聽您的鄰居說您是這個社區裡出了名的保守。我與您一樣，做事也比較謹慎。」

「但是，他們可以認為您保守，而我不這樣認為，只是您的鄰居對您最重要的事情不夠了解。」金克拉：「假如我記得沒有錯的話——您已結婚23年了。」守財奴喬治：「是啊！事實上8月就滿24年了。」金克拉：「好，讓我問您一個問題。您是否還記得您說過如果用我的廚具煮東西每天可以節省一元？那已是上個月的事情了。」

金克拉：「也就是說，您每天肯定至少可以節省一元，是不是？」守財

奴喬治：「是的，至少一元。」金克拉：「那，假如您有了這套廚具後每天可省下一元，也就是說假如您沒有它的話您每天將浪費一元，對不對？」守財奴喬治：「我想你說得沒錯。」金克拉：「我怎麼說並不重要。畢竟這是您的錢，您的意見如何？」守財奴喬治：「我應該會和你的看法一致。」

金克拉：「不說一天省下一元，假設一天省下五角，這樣的假設是非常非常地保守，您說是不是？」守財奴喬治：「肯定是。」金克拉說：「好！假如這套廚具每天幫您省五角，也就是說每兩天您太太不使用這套省錢的廚具；等於是她把手伸進您的口袋，取出一張全新整潔的一元紙鈔，把它撕成碎片，再把它丟掉，是嗎？」這時候，金克拉先生的道具上場了。金克拉慢慢地撕毀一張整潔嶄新的一元紙鈔並把碎片丟到地上。

金克拉：「我親愛的客戶，您可以忍受一元的損失，但是根據您的鄰居所說，您不會覺得高興。照您鄰居的看法雖然這漂亮的房子是您的，但您還需繳貸款，雖然這 120 平方公尺的房子是您的也是銀行的，您不希望有任何的浪費。現在，親愛的客戶，您可以了解一天損失五角錢的意義了嗎？也就是說您和您的太太每 40 天從口袋裡拿出一張嶄新整潔的 20 元紙鈔，把它撕成碎片再扔掉。」金克拉慢慢地撕掉一張 20 美元紙鈔，並故意撕得「嘶嘶」作響。

金克拉看著守財奴喬治問道：「喬治先生，我撕一元鈔票時你覺得如何？」守財奴喬治：「我想你瘋了。」金克拉：「那我撕掉 20 美元時您覺得如何？」守財奴喬治：「我的腦子裡一片空白，但我知道你確實做了。」金克拉：「您想那是誰的錢？」守財奴喬治：「當然是你的。」金克拉說：「但是，當我在撕它時您感到痛苦了，是嗎？」守財奴喬治：「的確是。」金克拉：「我可以問您一個問題嗎？」守財奴喬治：「當然可以。」金克拉：「您有沒有一絲感覺那是您的錢？」

守財奴喬治：「你為什麼會這樣認為。」金克拉：「很簡單。您告訴我您已結婚 23 年了，就算是 20 年吧！您已經告訴我這套廚具每天可以省下五角——最少，也就是說如果您沒買這套廚具，您一年會因而損失 180 元。換句話說，20 年來您已經因為沒有這套廚具損失了 3,600 元，就是因為您沒有花 395 元去買這套廚具，他們可以說您很小氣。我想那是他們的說法。您其實很大方，捨得一年損失 180 元。」

守財奴喬治說：「這真是糟透了。金克拉先生，在接下來的 20 年我將要為不買這套鍋子而再多付 3,600 元的代價。」

「我知道我說過不願意花錢買一個 400 元的鍋子，但當我看到這套鍋子的省錢功用與煮食價值，又可以為我的太太節省許多工作之後，這讓我了解買它的益處。坦白地說，我非常愛我的妻子與家人，我不願意因我的頑固讓我的家人錯失可以為我們帶來樂趣的東西。」

此後守財奴喬治成為金克拉最好的朋友，也是金克拉最大的銷售推進器。當人們得知社區內最節省的人都買了，大家都紛紛買了金克拉的廚具。這一切都歸功於金克拉的巧妙的說服技巧和撕鈔票的策略。

想說服你的顧客購買你的產品並非輕而易舉的事情，很多時候需要採取不同的措施和策略才能達到，有時用道具作陪襯，語言會更有說服力。

與重要人物的開場技巧

好的開場白是成功交流的開始。

史蒂芬想拜訪一家大公司的總裁，這家公司是全球數一數二的大公司。在與該公司的公關副總裁約翰·卡森進行一連串的通信與電話交談

之後,對方終於安排了一個會面時間。

史蒂芬苦心安排這次會談的目的,是要對該公司的高級主管做一番推銷說明,希望他們能允許他撰寫一本有關此公司的書籍。因為要寫成此書,史蒂芬必須要訪談該公司 150 名左右的職員,所以獲得該公司管理階層的認可是絕對必要的。如果沒有這項應允,他就沒有可能寫出這本書。當然,要獲得管理層的認可是非常難的。

在與管理層的見面會上,史蒂芬起身以最謙卑最誠摯的聲音說道:「各位女士先生,我今天十分榮幸地在這裡對貴公司的高層經理人發表談話。貴公司真是我們國家歷史上最優秀的組織之一。當我還是一名小男孩時,我便對貴公司仰慕不已。」

史蒂芬知道這一番話聽來官腔十足,但是十分見效,所以他接下去說:「今天能在此對各位發表談話,的確是我事業生涯中最精采的時刻。畢竟,你們肩負的是這個跨國公司的未來。今天,你們將寶貴的時間交給我,所以我要告訴你們我要著手進行這本書的內容,是有關貴公司的歷史,以及現今其進行專業管理的過程。」

「所有貴公司的重要決定都是由你們做出的,因此對我這本書的認可便成為你們最容易做的小決定了。事實上,在與好些真正的大決策相比之下,這無疑是一件最容易決定的事情。」

「我真的很高興你們今天能邀請我來參加這個會議,因為在 20 分鐘後我走出這裡時,我已經知道你們的決定是什麼了。這正是我對你們這些專案主管的仰慕所在,也就是你們能將公司管理的如此成功的原因。我曾經見過一家大公司的主管們。」史蒂芬此刻將聲音壓低說道:「我不會說出他們的名字,但是你們絕對不相信我忍受了多麼大的不幸,全都因為他們無力做出決定。他們在完成任何一件事之前,都必須經過無

數官僚程序的推諉搪塞。我發誓，我再也不會和這家公司共事，因為他的管理已經陷入了官僚主義中而無法自拔，以至於高層經理人無法做出重要的決定。我腦中有著許多寫書的好點子，我的生命實在不需要這類的不幸。如果我意識到某家公司正令我陷入這種不幸的話，我會跨步離去，選擇和其他的公司一起工作。」

史蒂芬緊接著逐章地說明這本書所要寫的內容，這項解說耗費了10分鐘。最後他又主持了5分鐘的回答。

在他回答完數個問題之後，最高主管說話了：「我看不出我們不放手讓史蒂芬寫這本書的理由，他可以開始進行這本書了。有人不同意嗎？」

每個人都點頭表示贊同，當約翰關上他辦公室的門之後，他對史蒂芬說：「如果我沒有親眼看到的話，我實在不會相信。我真的不認為在這場會議上，你的書會有任何機會能獲得通過。我恭喜你完成了一項了不得的推銷工作。」

開場白要有引人入勝、一鳴驚人的效果，你的話能成為大家的焦點，那麼你的目的就能很快見效。

談判中的詭辯及應對

做買賣就難免涉及談判，要想談判成功就需要良好的口才藝術來對付談判中的詭辯，合理地促成買賣。

詭辯形式形形色色。在論題方面，常常表現為偷換概念，轉移論題；在論據方面，又常常表現為訴諸權威，預期理由，以偏概全，類比不當等等。下文將對商務談判中常常出現的幾種典型的詭辯術表現形式進行分析，並提出駁倒詭辯的具體方法和對策。

1　以現象代本質

所謂以現象代本質的詭辯術，實際上就是故意掩蓋事實真相而強調問題的表現形式並誇張無關緊要的利害關係的一種論證方法。狡詐的商人往往借用此種方法達到了牟取暴利的目的。在商務談判中，你只要堅持辯證思維的客觀性、具體性的原則，就能識破對方擺出的迷魂陣，從而把握事物的本質，使談判循著客觀公正的方向進行。

2　以相對為絕對

這是一種故意混淆相對判斷與絕對判斷的界線，並以前者代替後者，以扼制、壓倒對方談判人員的論證方式。為了促使對方接受某個立場，經驗老到的談判人員往往運用此種方法控制對手，進而掌握住談判發展的進程。這儘管不公道，但都很見成效。因此，在商務談判中，談判人員只有了解此種詭辯術的特點和表現形式，才能迅速識破其本質，在談判過程中立於不敗之地。

在商務談判中，只要堅持辯證思維的具體性和歷史性原則，細緻分析談判對手論點、條件中的絕對因素和可變性，就能戳破以相對為絕對的詭辯術，從而保證公正法則在貿易過程中得以運行。

3　以偶然為必然

這是一種故意將某事物發展中發生的偶然事件（或偶然性）作為不可避免的趨勢，從而推及其他事物與過程，並將其作為敲詐對方的條件或作為己方加碼條件的推理方法；由於商務談判涉及的對象、環境、條件的可變異性，詭辯論者往往從大量偶然性中拾取其一並任意發揮，以求為己方謀取最大的利益。

4　平行論證

　　平行論證亦是一種在洽談中使用較多並每每奏效的詭辯術，西方的談判術語又稱其為「雙行道戰術」。實際上，平行論證是一種「偷梁換柱」或「避實就虛」的辯術，它往往通過轉移論題的方式來消除己方的不利因素或掩蓋其自身談判條件的弱點，以達到壓服對方牟取私利的目的。在談判過程中，當一方論證他方的某個弱點時，他方則虛晃一槍另闢戰場，抓住你的另一個缺陷開戰（有時，他方也可能故意提出新的論題大做文章）。這種論戰形式，即為「平行論證」。平行論證的結果是混淆了事物的因果關係，擾亂對方談判人員的思維方式，從而使談判失去確定的方向。因此，任何談判人員對此都不能掉以輕心。

5　濫用折中

　　濫用折中是談判人員面對兩種差距極大或根本對立的觀點，不作任何客觀具體的分析，而用「和稀泥」的方式從抽象的概念上折中二者的詭辯手法。

　　商務談判中，詭辯術的表現形式是多種多樣的，任何談判人員對此都應有清楚的認知。

　　從根本上來說，對付玩弄詭辯伎倆者的最佳方法，是掌握好辯證邏輯的思維方式，以客觀性、具體性、歷史性三原則認清其詭辯本質並加以正確的處理。

用柔和語言化解爭執

我費了多年的工夫，在生意上損失了無數的錢財後才最終懂得，爭辯是划不來的。而同別人換位相處來看問題，想法讓別人講出「對，對」，則能獲得更多的好處，也有意思得多。

齊·西·伍德在一家百貨公司買了一套西裝，結果那套西裝使他非常失望，上衣褪色把他的襯衫領子都弄黑了。

伍德拿著那套西裝去找那位售貨員，那位售貨員反唇相譏道：「這種西裝我們已經賣出好幾千套了，我們可是第一次聽到有人來提意見。」售貨員那咄咄逼人的口氣似乎在說：「你說謊，你以為這樣就可以賴在我們頭上嗎？我倒要給你點顏色看看。」

在爭吵達到白熱化程度時，另一名售貨員插嘴說：「凡是黑色的西裝開始都會褪點顏色，這是沒有辦法的事，問題不在於這種價格的西裝，而出在染料上。」這位售貨員似乎在暗示伍德，他買的只是二等貨。伍德氣極了，就在這時，這個部門的經理走了過來，經理在了解事情的原委後，站在伍德的立場與兩位售貨員爭論，這是伍德始料不及的。

當經理問：「您要我怎麼處理這套衣服呢？我一定盡力滿足您的要求。」

僅在幾分鐘前還鐵了心要退貨的伍德答道：「我只是想聽聽您的意見，褪色是不是暫時的，是否有什麼補救辦法？」

經理和顏悅色地說：「您再試穿一個星期，如果到那時還不能令您滿意，您就把它拿回來，我們一定給您換一件滿意的，給您帶來不便我們非常抱歉。」

第十二種能力：老闆的口才修練

　　伍德走出商店時已沒有了絲毫怨氣，一星期後那套衣服再沒出什麼毛病。

　　有人說，「每一場辯論的結果十有八九都是雙方比以前更加堅信自己有百分之百的理由。」的確如此，倘若那位經理也跟伍德爭辯，這樣做的結果，只能是使對方更加固執、更加難以說服。

　　推銷員若是和顧客爭辯又會怎樣呢？

　　派屈克·奧黑爾是紐約懷海特汽車公司的一位推銷員，在他最初從事這項工作時，他總是跟顧客爭吵，惹得顧客大為不滿。明明是一個可能要買他車子的顧客，但只因對他出售的車子說了幾句不中聽的話，派屈克往往會就此勃然大怒，立即向對方發起攻擊。

　　有一次，派屈克走進一位顧客的辦公室，當他做完自我介紹後，對方說：「什麼？是懷海特公司的車？那有什麼好！你就是奉送給我，我也不要，我要的是威斯特公司的產品。」

　　派屈克大為惱火，立即對威斯特汽車進行「狂轟亂炸」。可是，他越是數落威斯特汽車，對方就越是誇它。

　　派屈克在同顧客的爭吵中，大獲全勝的時候居多，他常常是一邊離開顧客的辦公室，一邊說：「我可把那傢伙教訓了一頓。」被他「教訓」了一頓的顧客會買他的車子嗎？當然不會！因為他把對方駁得體無完膚，讓對方感到自己矮了一截，這極大地傷害了對方的自尊心。

　　推銷員在同顧客進行爭辯時，不僅贏了推銷不出去東西，輸了同樣也不能成功推銷。因此，對於推銷員而言，最好的辦法就是別和顧客爭論。

　　推銷大師約瑟夫·艾利森曾經是威斯汀豪斯電器公司的推銷員，他費了很大的工夫才向一家大工廠銷售了幾臺引擎。三個星期後，他再度

前往那家工廠推銷，本以為對方會再向他購買幾百臺的。不曾想，那位總工程師一見到他，就甩過一句話來——「艾利森，我不能再從你那買引擎了！你們公司的引擎太不理想了！」

艾利森驚詫地問：「為什麼？」

「因為你們的引擎太燙了，燙得連手都不能碰一下。」

艾利森知道同對方爭辯是沒有任何益處的，於是，連忙說：「史賓斯先生，我完全同意您的意見，如果引擎發熱過高，別說買，還應該退貨，是嗎？」

「是的。」總工程師答道。

「自然，引擎是發熱的，但您當然不希望它的熱度超過全國電工協會規定的標準，不對嗎？」

「對的。」總工程師又答道。

「按標準，引擎可以比室內溫度高華氏 72 度，對嗎？」

「對的。但你的產品卻比這高出很多。」

艾利森沒有爭辯，只是問道：「你們工廠的溫度是多少？」

「大約華氏 75 度。」

艾利森繼續說：「工廠是華氏 75 度，加上應有的華氏 72 度，一共是華氏 147 度。您要是把手放在華氏 147 度的熱水龍頭上不也是會燙手嗎？」

總工程師不得不再一次點頭稱是。

「好了，以後您不要用手去摸引擎了。放心，那完全是正常的。」

結果，艾利森又做成了近 3,500 美元的生意。

第十二種能力：老闆的口才修練

　　普通人的爭論中沒有贏家，商業合作的雙方爭論會更沒有贏家，如果你去爭論你失去的將不只是一次合作機會。所以，要記住，始終使用柔和的語言是取得勝利的武器。

■ 提升語言魅力的方法

　　如果有一天神祕莫測的天意將我從這裡把我的全部天賦和能力奪走，而只給我留下選擇其中一樣保留的機會，我將會毫不猶豫的要求將口才留下，如此一來我將能夠快速恢復其餘。

　　好不容易到了你第一次公開講話的時刻，絕大多數人都會感到緊張，不僅僅是你一個人。為了使你能最大程度地發揮你的聲音魅力，下面一些措施可以使你控制自己的緊張情緒。

(1) 在講話前，應避免喝燙或刺激性的飲料，如茶、咖啡，尤其是加牛奶的咖啡。另一些飲料如含氣或冰凍的飲料也不能喝。最好喝些溫熱的檸檬水或溫水，使你的聲帶得到更多的潤滑。

(2) 當你在講話時，如果嗓子乾澀，而手邊又沒有水，你可以通過翻動筆記或講稿來使自己休息片刻。無論如何，在這幾秒鐘內咀嚼舌頭，舌頭分泌的唾液同樣可以潤滑聲帶，但這終不是長久之計。你的演講對你的成功有非常大的影響，所以不要忘記在演講前為自己準備一杯水。當然，在某些場合是用不著你自己為此費神的。

(3) 經過一系列訓練以後，如果你仍然感到你的聲音有損自己的形象，你就需要請教講演專家或播音員。他們能指出你的問題，提供適合你改進聲音的方法。毫無疑問，你得費一番心思，但你千萬不要放棄自己的努力，一定要記住：「你的聲音在人們的印象中發揮38%的作用。」

(4) 如果你希望你的講話內容被聽眾接受（也許只有氣急敗壞時才談不上這一點），那麼你的手勢、身體姿勢和你的聲音都要像你的講話內容一樣讓人信服。千萬不要擺出像兩手緊握或雙手不知如何擺布的防衛式姿勢；更糟的是擺出一副嚴厲的姿態，比如雙手交抱胸前。這些動作會讓聽眾感覺不舒服，在這種情況下，如果聽眾不知道你在講什麼也就不奇怪了。

(5) 為了使你的講話內容被聽眾理解，你就要採取開放坦白的姿勢。比如你在講課或向人們解釋某個問題時，要讓你的一隻手自然地放在一邊，或採用手心自然向上的動作。你一定迫切希望人們對你的信任，那麼你就不要擺出說教式的動作，也就是那些指指點點表示強調，坐在臺前交握雙手、手指撐出一個高塔形狀的動作（這是驕傲自大的表現）。

(6) 無論你講話的主題是多麼嚴肅，偶爾的微笑（不是咧嘴大笑）總能幫你贏得更多的支持。用眼睛不時有意地環視房間裡的每個人，就好像你在對那個人講話，即使這種環視只不過是飛瞥一兩次。但不要去避視那些詆毀者的眼光，讓他們也抬頭看你，可以顯示出你的自信，甚至可以「化干戈為玉帛」。

(7) 你要使你的聲音也具有「說服力」。在整個發言過程中，你都要用一種低沉而有節奏的語調，就好像你所講的都是對事實的陳述一樣。

講話水準是衡量領導能力和素養的最直接、最樸素的標準，也是最重要的標準。很多成功的總經理之所以成就卓著、聲譽斐然，一個主要原因就在於其說話水準高人一籌。

批評下屬的八大禁忌

批評是一種財富，一種幸福。不妨多多收藏，但卻不可輕易送人。就像喜慶的人，最好別給他送鐘。

1 捕風捉影，無中生有

批評本來是改正錯誤、教育人的，因此它的前提必須是下屬確實有錯誤存在。沒有錯誤，硬去批評人家，便給下屬留下「蓄意整人」的印象。總經理應該心胸豁達，實事求是，最忌神經過敏、疑神疑鬼、聽信流言、無中生有。

2 言辭尖刻，惡語傷人

每個人都有自尊心，因此批評時一定要平等相待，絕不能以審判者自居，更不能幸災樂禍，甚至惡語中傷。否則訓斥不僅是對被批評者自尊心的損傷，甚至是人格的侮辱，並不能真正地解決問題。應是心平氣和地談論問題，給下屬一種愛護、親近感。

3 乘人不備，突然襲擊

否定和批評下屬，嚴重的批評要事先打個招呼，使下屬有足夠的心理準備。普通的批評也要給下屬充分的轉圜餘地，做心理調整，以避免引起大的情感跌宕。一個人做錯事時，內心裡本來已有所反省、恐慌和不知所措，此時，如果像打擊罪犯一樣對待他，他會因此而羞愧不安，

甚至一蹶不振,無法再肯定自我;或者沿著錯誤的道路滑下去,自暴自棄,「破罐子破摔」。

4　姑息遷就,拋棄原則

　　批評和否定下屬,當然需要給他一些安慰和鼓勵,不能全盤否定,一棍子打死。但是,這絕不意味著可以對下屬的過失姑息遷就,庇護掩飾,不予追究。拋棄原則,聽之任之,好像寬容大度,關心下屬,實際上這是養癰遺患,為其今後犯更大的錯誤提供條件,貌似愛之,實則害之,切勿這樣去做。

5　不分場合,隨便發威

　　場合即時間、地點,它是否定和批評下屬的必要條件,也是總經理語言發揮的限制。講求語言藝術的批評者總是在什麼場合說什麼話,看什麼情況行什麼令,靈活機動、隨機應變,從而創造出一個否定和批評下機的良好時機。魯莽的批評則往往不分場合,不看火候,隨便行使權力,大耍威風,結果,使問題反而變得更加複雜和嚴峻起來。通常的批評宜在小範圍裡進行,這樣會創造親近融洽的語言環境。實在有必要在公眾場合批評時,措辭也要審慎,不宜大興問罪之師。

6　吹毛求疵,過於挑剔

　　上級對於下屬的領導,是產生一種指導和監督作用,而不應是下屬的管家婆,不能事事都批評下屬。可是,有一部分總經理就喜歡尋找下

屬的不是，好像不經常挑出下屬一些毛病來，就不足以證明自己高明似的。而對如何防止出現問題，卻提不出建設性的意見。對於小事過分挑剔、大事反倒抓不住的上級，下屬是很有看法的。

7　口舌不嚴，隨處傳揚

批評和否定下屬既然不能不分場合，就更不應把批評之事隨便傳揚出去。有的批評者前腳離開下屬，後腳就把這件事說給別人聽；或者事隔不久批評另一個人時，又隨便舉這個人做例子，無意間將批評之事散布出去，弄得風言風語，增加了當事人的思想壓力和反感情緒。

人人都有保護自尊的心理傾向。總經理批評下屬，不能不愛護下屬，要盡量將其心理振盪控制在最低程度，絕不能無意中增加新的干擾因素，影響下屬接受批評，改正錯誤。事實上，口舌不嚴是總經理不負責任、缺乏組織紀律性的一種惡劣作風，亦在受批評之列。

8　婆婆媽媽，無休無止

批評不能靠量多取勝。少說能解決的，不要多說，一次批評能奏效的，不要再增加次數。婆婆媽媽，無休無止，未必能打動人心；絮絮叨叨，沒完沒了，反而使人生厭。嚴肅的批評，必須有準備的內容、合理的程序和必要的時間限制。那種企圖通過一次批評，就包醫百病的想法是不科學的。

否定和批評是為了根除工作中的錯誤，使下屬走上正確的道路。因此，要使批評達到目的，就必須講究批評的藝術，避免消極的、簡單的傾向。

閒談中的商業潛力

說話和事業的進展有很大的關係，是一個人力量的主要展現。

從人際關係的角度看，閒談對於總經理也是不可少的。閒談多在八小時工作之外進行。總經理的工作特點決定他的工作要超出八小時，是否善於利用閒談的方式，常常影響眾人對他的看法。

要提高管理效能，組織內部成員之間需要有效的交流，這就要求有多種資訊渠道、多種溝通方式來加以保證。而閒談實際上也是一種溝通方式。

國外一些公司為了促進非正式的資訊交流採用了很多辦法。如創造出合適的氣氛，以便於隨便交談或形成制度等。美國華特‧迪士尼製片公司，從董事長到一般職員都只佩戴沒有職稱的標記，為的是大家交談時可直呼其名，以減少心理壓力，更隨便一些。另一家公司的總裁自稱批准了一項重要活動：把公司餐廳裡的只能坐 4 個人的小圓桌搬走，換上一種矩形長條桌。目的是讓素不相識的人增加接觸的機會，而小圓桌總是幾個熟人在一起。這是利用機率的方法，使用小小的措施來提供更多的非正式資訊的交流機會。

從社會心理的角度看，人們對總經理人格的評判，似乎更重視八小時以外的表現。人們常常通過他是否喜歡閒談，或怎樣與人談話來判斷他的性情、思想道德、是親切隨和還是孤傲清高等等。

一般來說，人們總是喜歡通過閒談來反映某種情緒要求，不善閒談的人常常對周圍的人事變化、生活瑣事一無所知，一旦得知時，某事已到難以控制的地步。不屑於閒談的總經理，常被冠以「清高」之名，使

人感到難以接近。這是感情溝通的障礙，因為人們對於嚴肅的人總是敬而遠之的。如果你在吃午飯時與別人談談食品營養、衛生，談談環境、服裝、橋牌、圍棋，別人在感情上與你的呼應是很明顯的。社會心理的調查證明，對於強人、能人所表現出的親切、隨和，人們是格外感興趣的。因為他們出色的工作，已經產生了與眾不同的影響，所以人們希望他們能在感情上與自己溝通，否則就會有相距甚遠、不可企及的想法，或者失去努力的信心，或者與他們產生隔閡。

據說，美國總統雷根是個人緣不錯的人，愛開玩笑，不擺架子。一次記者山姆·唐納遜誇獎雷根的新西裝很漂亮。雷根說，不是新西裝，已經穿四年了。過後，他回到白宮又打電話說，我糾正一下，不是四年，而是五年前買的。雷根並不覺得為這樣的瑣事打電話有什麼不好，而很多人恰恰從這些事下判斷，覺得雷根隨和、可愛、容易接近。

作為總經理，並不是時時刻刻都必須考慮工作，才是盡心盡職，他應該向人們展示他不同的側面，如生活、情趣、感情等，這樣，人們才能與他產生共鳴。在這些展示中，閒談的作用是不可忽視的。再如寒暄，也是閒談的一種，其主要作用就是傳遞感情資訊，這是人際交往的必要手段。寒暄式的交談也表示出對對方的關心，表示出自己願意保持良好關係的願望。有些人為了在寒暄中表示親近，花費大量精力記住別人的名字，結果是很容易的得到了別人的好感。

雖然閒談會產生一些弊病，如小道傳聞、捕風捉影等，但作為一種社會互動形式，它又是必然存在的。這需要總經理合理使用，揚長避短，加以引導。閒談如同一張巨大的資訊網，會有各種組織管理、人員情緒等資訊傳送過來，只要我們反應敏銳，捕捉及時，對領導者肯定是有益的。

閒談中的商業潛力

大老闆思考，讓企業快速成長的 12 種競爭力模式：

老闆的能力有多強，企業的前景就有多寬廣

作　　　者：	陳立隆
發 行 人：	黃振庭
出　版　者：	沐燁文化事業有限公司
發　行　者：	沐燁文化事業有限公司
E - m a i l：	sonbookservice@gmail.com
粉　絲　頁：	https://www.facebook.com/sonbookss/
網　　　址：	https://sonbook.net/
地　　　址：	台北市中正區重慶南路一段 61 號 8 樓

8F., No.61, Sec. 1, Chongqing S. Rd., Zhongzheng Dist., Taipei City 100, Taiwan

電　　　話：(02)2370-3310
傳　　　真：(02)2388-1990

律師顧問：廣華律師事務所 張珮琦律師

─版權聲明─────────

本書版權為作者所有授權崧博出版事業有限公司獨家發行電子書及繁體書繁體字版。若有其他相關權利及授權需求請與本公司聯繫。

未經書面許可，不得複製、發行。

定　　　價：375 元
發行日期：2024 年 10 月增訂一版
◎本書以 POD 印製

國家圖書館出版品預行編目資料

大老闆思考，讓企業快速成長的 12 種競爭力模式：老闆的能力有多強，企業的前景就有多寬廣 / 陳立隆 著.
-- 增訂一版 . -- 臺北市：沐燁文化事業有限公司, 2024.10
面；　公分
POD 版
ISBN 978-626-7557-56-3(平裝)
1.CST: 企業領導 2.CST: 企業經營
494.2　　　　　113015253

電子書購買

爽讀 APP　　　　臉書